Interlinked Buildings

Kengo Kuma

TAIDANSHU TSUNAGU KENCHIKU
by Kengo Kuma

First published 2012 by Iwanami Shoten, Publishers, Tokyo.
This simplified Chinese edition published 2017
by Shandong People's Publishing House, Jinan
by arrangement with the proprietor c/o Iwanami Shoten, Publishers, Tokyo

维系的建筑

隈研吾

前 言

维系的建筑

隈研吾

想与各种人说说话。也许是自己不常在日本的缘故吧。在不停辗转海外的工作现场时，可切身感受到世界发展的趋势。建筑好像总是处于热点。建筑项目的特征都是集中在政治、经济上的热门和动向激烈之处。

如此情况下，我便不由自主地在世界形势前沿到处旅行。在城市开发的热潮从北京、上海等一线城市向二线、三线（此称呼不知是否合适）城市扩大进程中，政府突然提出了开发必须考虑环境与文化的指导方针，这种热潮与中国的活力并驾齐驱，但已疲惫不堪。我从军事政权进行政策大转变、气氛正在完全改变的缅甸收到邀请，希望我早日参加其建设项目。世界形势前沿地点的气氛，让人切身感受到“奔跑的每一天”。

但是，与日本人谈话你得创造机会没话找话。那是因为在日本城市和建筑领域里，非但没有热点而且还在不断降温。无论是公共还是民间，新项目的数量很少，并且不管哪个项目与中国以及BRICs（金砖四国）其他国家的项目相比，都让人感到滞后、畏缩不前、临时应急和寒酸。

不过，从数年前开始，日本这种冷清的状况让我开始感到非常有趣和意味深长。这或许是反其道而行之意义下的新前沿吧。我觉得与经济增长、扩大的世界前沿相反，这是衰退潮流中的前沿。消极地说是畏缩，积极地说是成熟。

它再次引起我的兴趣。

关于此“另类前沿”的本质与未来，我想与各种人进行多方位探讨。3 · 11（2011 年 3 月 11 日日本东部大地震）给予了此“另类前沿”毁灭性打击。但是，这个打击并非是消灭“另类前沿”的，而是完全呈现出“另类前沿”所具有的问题。是对此前沿符合其地点、状况的最有力打击。它使 3 · 11 之前积存的某些问题暴露无遗，促使我们迈出新的一步。

欲探索这新的一步，便开始了此对话。

目录

第一章 | 优柔寡断的社会之政治与建筑

御厨贵

建筑师与政治的距离

隈：您写《行走在权力之馆》（每日新闻社刊）的契机是什么呢？

御厨：我基本的想法是，建筑和政治的关系自古就有，但并不完全体现在象征权力的庄严建筑物上，日常生活中也体现出权力，权力难道不也有通过建筑来规定的部分吗？迄今为止的政治史中，关于政治性的决定，焦点总是集中在“什么时候？When”决定的呢？但关于“在哪里？Where”决定的几乎未被议论过。

最初的例子是大矶的吉田茂邸。当时的大矶，走第一京浜国道，从东京开车大概一到两个小时的车程。吉田茂邸是由吉田五十八（注 1）改建的。这个吉田茂邸在 2009 年被烧毁了。烧毁以前，我去看了吉田茂邸。吉田茂特别喜欢的地方，无论是日式房间还是其他房间，都可以看得见富士山。吉田茂一边眺望富士山，一边独自一人思绪万千，一旦发生什么事情便可攻入东京。

隈：他从什么时候开始住在大矶的？

御厨：好像是昭和十四五年（1939 或 1940 年），吉田茂从外务省退休时购买的房子。这房子在原有住宅的基础上，多次改筑而成。他偏爱建筑，也提出许多过分的要求，所以势必会和建筑师产生分歧，“不用你”，便将其解雇。最后选择了吉田五十八。为什么两个人能一直和睦相处呢。据吉田五十八说，只要机灵点就知道吉田茂想怎么做。明白后将其说出来，这样两人是绝对吵不起来的。吉田五十八理解吉田茂的心情。这是非常有趣的事情。

隈：吉田五十八亲手打造了岸信介邸等一连串的政治家私邸。最初是吉田茂邸吗？

御厨：我认为是这样的。矶崎新（注 2）说过，战后，“建筑师应该远离政治”“给财界人士建造房屋也是可耻的”，这种潮流伴随着建筑民主化而存在。但因为吉田五十八亲手从事茶室式雅致建筑的近代化而功成名就，所以对于他的所作

御厨贵
东京大学前沿科学技术研究中心教授。1951 年出生。专攻日本政治史。著有《以史料读近现代日本》（中公新书）、《“战后”结束，“灾后”开始》（千仓书房）等。

所为，大家没有反对之声。矶崎新这样解释道。

隈：吉田五十八可以称为最接近战后日本政治经济中枢的建筑师。一般认为，丹下健三（注3）是第二次世界大战后代表日本的建筑师，可是实际上，吉田五十八创造的空间在与战后这一时代的关系上要远远高于丹下健三。他是怎样创造走进政治世界的机会呢？想到这些，立即涌起了强烈的兴趣。是否有从中间牵线的关键人物呢？

御厨：这个问题并不清楚，但是岸信介是看中了他改造吉田茂邸的能力，而委托吉田五十八的。

隈：岸信介也有继承吉田茂政治路线的这种意图吧？

御厨：吉田茂就是所谓的战后元老，岸信介也想在辞去总理后成为元老。所以，他选择了御殿场。御殿场位于东名高速公路的出入口处，曾经还有西园寺公望的别墅。

当时的御殿场市长是岸信介在满洲做事时帮助他的土木建筑商业之一，法律问题或其他问题都能轻松解决。其后，吉田五十八写道：以“政治家的公馆应该是这样”这一理想为宗旨，建造了岸信介邸。

隈：所谓大矶式的距离，就是作为衡量日本政治家与国家之间的距离的一种模式而存在的吧？

御厨：元老西园寺公望在静冈县的兴津建造了坐渔庄别宅，所以应该是一种模式吧。

当时，内阁辞职后，天皇应该会向元老垂询："下任总理应该用谁好呢？"于是西园寺公望不慌不忙地动身，从现在的兴津车站乘上火车，来到了东京。这是一段非常合适的距离。西园寺是京都的朝廷大人，心眼儿有点坏，所以在去东京的途中，让大家很焦急。和现在的记者一样，当时的采访人员与西园寺同乘火车，找机会采访西园寺。了解这种状况后，吉田茂把距离定在了大矶。岸信介则选择了御殿场。

隈：只有他们去了东京，才能解决问题，有必要故意装模作样吗？

御厨：是的。如果就在都内，就没有了特意被请出来的感觉了。所以，这种距离感也是很重要的，也带有一种权威性。现在，时间距离都缩短了，也许感觉还是快点去为好。

但在当时，慢去自有慢去的道理。

吉田茂邸（1954 年，每日新闻社 提供）

熟练利用公馆的政治家们

御厨：佐藤荣作的宅院在东京世田谷，他还借了现在作为镰仓文学馆对外开放的前田侯爵家别邸，周末时一定去那里。那里的二楼阳台可以眺望镰仓海，是特别好的地方。夏季周五、周六、周日，因为炎热，就去轻井泽的别墅。有趣的是，佐藤不叫政治家、财界人士等铜臭味的人去他的镰仓别墅，而是邀请镰仓的文人雅士。相反，在夏天的时候，邀请财界人士及政治家去轻井泽的别墅，在那里大谈政治。分开使用的意图特别明显。

中曾根康弘好像在很多地方都有别墅，大家都知道的就是，1983年举行“罗纳德和康（罗纳德·里根和中曾根康弘）会谈”的东京·西多摩的日出山庄。与其他政治家的别墅有所不同，日出山庄的交通特别不方便，他借用了江户时代遗留下来的农民的房屋。那里与他在群马县老家周围的氛围很相似，里根也曾经来过。而且他在辞去总理大臣之际，也是在日出山庄邀请三位接班人——宫泽喜一、竹下登、安倍晋太郎，组织了地炉边会谈。其后，他在附近建成的茶室里打坐。中曾根康弘几乎周末都去日出山庄，基本断绝与外界接触。

所以无论是吉田也好，还是岸、佐藤、中曾根，他们都从东京激烈的政治纷争中抽出身来，总之独自一人，或者邀请他人来创造空间，拥有本邸以外的权力公馆，在这点上难道不是具有某种意图吗？

隈：我也感觉其中有两个意图。

其一是退位之后与中心的距离感。例如，就像以前的太上皇参拜熊野一样，在位期间，无法离开京都，所以当上太上皇引退后才参拜了熊野。另外就是隐居之处。这是在职时就保持某种距离的方式。千利休的茶室也许是其最初的体现。例如肯尼迪大总统在马萨诸塞州科德角的别墅和白宫，召见的人的类型和会见的意义就不同。为了操作权力，有时候往返于这两处之间也许是必要的吧!

御厨：但是这些在中曾根时代就已经基本结束了。也就是说，这些和日本自民党的黄金时代重叠在一起，最终，权力之长的他们也是有力派系的首领，在窥视总理大臣这个职位期间，应该一直在深谋远虑地思考各种事情吧。中曾根以后，巧妙利用权力公馆的例子不是很多。

隈：作为住宅选择何处是人性的充分反映吧。这不是偶然行为，对人来说，最本质的决断就在其中。

御厨：是的。细川护熙大人另当别论，在以后的总理大臣中，拥有别墅的人很少，大概是感觉不到拥有的必要性。大家都认为旧首相公邸不方便使用，并且不干净。但其后的总理大臣却老老实实地入住了。他大概认为自宅并非是古时候那么重要的公馆。麻生太郎到最后也不肯住进那里，也许是因为从上一辈开始，他就在涩谷神山町拥有豪宅吧。

隈：小泉纯一郎呢，在任时住在池田山（东五反田）吧。这可以明显地看出这个选择很符合他的个性。

御厨：首相官邸改建时，由于无官邸可住，所以他住进了内阁法制局长官邸。

选择入住那里，大概是小泉纯一郎自己的意见。

隈：既不是自己的家，也不是官邸。现在看来，采取了官方的第三选择，也象征小泉纯一郎的性格吧。

御厨：同感。很有趣啊。

隈：自身拥有一级建筑师资格的田中角荣，是怎样利用地点的呢？

御厨：田中角荣的住处，基本上是以目白（东京都丰岛区南部地区）的府邸为中心。他是个非常明快的人，每次被任命为大藏大臣、干事长等权力职位时，都会在目白购买土地。并且，为上访的人们设置休息室，公共汽车的停车场也是必要的。佐藤荣作辞去总理后，只去过一次田中角荣家里，那时，他在日记中写道："庭院很气派，但房屋并不是很好。"的确，府邸面积很大，但房屋不是那么雄伟壮观。

隈：据说田中角荣为了自己上下班方便，将目白到永田町上班途中的神乐坂大道从半夜 12 点到中午 12 点定为通往市中心的单行道，从下午开始定为回家方向的单行道。

御厨：他做事就是一根筋，没什么娱乐吧？

隈：说实话，他没有娱乐，包括所谓的在神乐坂花街柳巷的娱乐，也都是死死

从涩谷车站南口附近看到的东急文化会馆
（1961 年，池田信 摄影，每日新闻社 提供）

板板的。他的列岛改造论也都是生硬的理论。让人觉得吉田茂所具有的娱乐观念在田中角荣时代已经荡然无存。

御厨：那大概是当政治家成为元老卸任总理后便失去了说话的从容和灵活性了吧。我在《权力之馆》一书的专栏里有所谈及，2009 年坂仓准三（注 4）去世 40 周年时举行了纪念活动。他亲手为松下幸之助、原盐野制药的社长盐野孝大郎等几乎都是关西派财界的人士设计了房子。

此人在东京为其建造房屋的相关政治人士，都不是纯粹的政治家。有三个人从财界、经济界转变为政治家。藤山爱一郎从日本商工会议所会长转为外务大臣；一万田尚登从日银总裁转为大藏大臣；二次大战后，加纳久郎由住宅公团总裁担任了千叶县知事。所以，从这点来说，坂仓准三也是战后建筑师中，极少为政治家、财界人士设计房屋的人。因此，这正如矶崎新所说，坂仓准三同当时的其他建筑师相比，评价较低。

隈：对坂仓准三的评价很低，是不可思议的现象。勒·柯布西耶（注5）在日本的弟子，有前川国男、坂仓准三、吉阪隆正三人，据说坂仓准三是设计最为出色的人。勒·柯布西耶也最喜欢坂仓准三。坂仓准三在日本的评价之所以最低，是因为他亲手建造的涩谷车站、东急文化会馆与现在的商业建筑相比，是低劣的，并且与政治家有交往，所以评价就更低了。因为政治家的人品和能力等都在下滑，所以对与其交往的建筑师的评价就会更差了。在建筑业内，接近政治，负面评价就会接连不断。

高速发展下的“贫穷”的自宅

御厨：池田勇人和福田赳夫虽说是从大藏官僚升到总理大臣，但是这两人成为总理大臣之前拥有的住宅都是作为战时住宅建造而在战后购买的屋邸。当然，也都是改建并且拓宽了。但是，他们几乎不想为住宅下诸多功夫。池田勇人只在箱根建了唯一的别墅，福田赳夫说“我没有带二字名称的东西”，没有二房，别墅就更没有了。

据说福田在政治界时唯一的消遣排忧的方式是在首都高速公路上兜风一圈。在兜风的过程中，福田总是一个人思考问题。大藏官僚真的是很可笑的呀。

隈：首都高速公路这样巨大的建筑物建造在城市正中心，这说明日本战后城市空间狭小且充满暴力。到市中心高速散心也的确是用大藏官僚作风的眼光来欣赏城市吧。

御厨：我去池田勇人的仙石原别墅了，看到有很多不可思议的石灯笼，只能认为是他的喜好吧。听到有旧货出售，就去买石灯笼回来，那是没有什么来历的石灯笼。松永安左卫门（注 6）说建造房子必须要有茶室。池田的信浓町的家虽然有茶室，但一次也没有使用过。听说最后都成了仓库。

在大藏官僚出身的战后总理大臣的带领下，日本迎来了经济的高速发展，社会财富不断增加，但是精神上是匮乏的。

隈：对于日本掌权者来说，即使建筑很寒酸，但庭院是非常重要的。譬如，足利义政建造银阁寺时，是“应仁之乱”刚结束，虽然在将军之位，但也是毫无分文。2008 年银阁寺大修时发现了原来的银阁寺使用了废弃材料。不过他对庭院非常下功夫，听说动用了手下的杂务僧人的力量来帮助干活。被称为无能的将军却创造了杰出的庭院艺术。山县有朋将工作委托给名为小川植治（治兵卫）（注 7）的庭院园艺师，小川植治给财界、政治界的人士建造了各种各样的庭院，创造出明治时代以后的庭院文化，建造出了可以容纳人的带草坪的庭院——近代日本庭院的原型。现在的政治家家里的庭院也很寒酸，仅限于饲养个锦鲤鱼什么的吧。

御厨：听说田中角荣看了池田勇人庭院里的锦鲤鱼后，买了更为高级的锦鲤鱼。更加“高大上”这种想法足以反映了日本的高速发展。通过这些，就可看出日本在政治文化方面的匮乏，或者说是很可笑的。

大概掌权者浪费时间与空间的含义已经失去。我认为在经常收发信息的过程中，已经失去了自己的时间。无论身在何处，手机都会响起。因此，身在远处，也不能立刻来处理问题，反而必须待在东京。

隈：并不是说有了手机在世界哪里都可以，实际上正因为有了手机，才必须待在附近。手机限制了人们的自由是种反论。

如果优先考虑“离得近一点儿就好”，那么与中心保持一定的距离感这种“场所的双重性”就没有意义了。“紧凑型城市”听起来固然好，但仅仅是高度密集的城市，纵深与距离被抹杀了吧。

御厨：在此种意义下，和政治家相关的，就是住宅更加寒酸起来。政治家，特别是坐在权力位置上的政治家，正因为与普通人不同，必须拥有某种空间和时间的这种认识已经不被当今的大众民主主义社会所允许。也就是说，大家都认为平民化的政治家最好。

隈：另一方面，大家觉得政治家要具有大众品位。细川（护熙）在这一点上作为好的品位象征被选为首相。另一方面，森（喜朗）之所以不被大家喜欢，也许是因为他没有穿高尔夫衬衫的品位吧。

无文化遗产社会之前景

御厨：政权更替，也许会给正如刚才您提及的品位或场所的两重性带来些什么吧。民主党不断年轻化不是坏事，政治上的决定也越来越实际起来。从长远的观点来考虑和处理问题似乎是非常遥远的事情。吉田茂也好，中曾根康弘也好，好坏先且勿论，都是从相当长的时间跨度来考虑事情，让政府及自己的顾问描绘了五年或十年的计划。

现在他们则说："十年计划是毫无道理的，五年就已经很长了。"

隈：如此一来，您认为日本政党的未来将怎样走下去呢？

御厨：其一，现在的第二代、第三代议员有被否定的倾向。我认为其方向在原则上讲是没有错误的。那么第二代、第三代政治家都不好吗？我跟他们谈到这个问题，我觉得他们拥有某种丰富的政治资源和对政治方向的多种判断能力。如果没有了这样的政治资源和判断能力，在日本政治社会中就会失去某种雅致的东西吧。

现在社会在不断发展，不仅政治家，就连天皇也不是特殊存在了。皇居里的建筑也是如此，新宫殿建好之后，不会再建如此雄伟的建筑了，所以得以控制。天皇住在大型建筑及古式高雅建筑中，让我们有历史感，对现在的天皇没有这样的感觉了吧。皇太子以后，当我们在他们身上感觉不到历史时，他们的存在还能称为日本人及日本国的象征吗？我认为这要出大问题。

隈：建筑设计也如此，吉田五十八出生在创建太田胃散的创业者之家，从孩提时就耳濡目染，日本式建筑的质感及平衡比例已深入其身。也就是说，不仅仅是个人能力，积聚而成的各种各样的文化遗产，塑造了吉田五十八的存在，塑造了他建筑灵感的丰盈。

战后的现代主义建筑也是解体、破坏文化遗产的过程，其象征是丹下健三。丹下健三为东京奥林匹克设计了代代木体育馆，从纯粹的科学技术中导入了美学。总之，文化遗产是在无关系事物中追求价值。代代木体育馆因为建在公园之中所以才是最好的。但是，那样的做法在城市里真的都行得通吗？矶崎新、黑川纪章（注 8）注意到没有文化遗产就没有建筑的丰富性。他们意识到欧洲的建筑师并不是以个人才能创造风格迥异的建筑，他们是持续 2000 年、3000 年，达到文化遗产顶峰的存在。矶崎新采用欧洲的古典建筑，黑川纪章对日本传统文化显示出巨大兴趣，但是他们对传统的吸取方法，其结果是具有讽刺性的，现在看来，其讽刺不被社会所接受。也许吉田五十八是和现实社会保持良好关系的最后的建筑师。

现在大家都说，吉田五十八设计的歌舞伎剧场很了不起，如果没有了歌舞伎剧场的话，未免会很寂寞。于是吉田五十八稳稳地载入了文化遗产。从那以后日本是否丧失了支撑多样化的设计继承体系呢？

御厨：没有。那是相当有危机感的。经常提到的歌舞伎剧场，要限先生来设计吧，您现在是什么心情呢？

隈：这次的歌舞伎剧场是吉田五十八的设计思想的延伸。如果只在文化遗产上得到共鸣，就会看到现在的民众社会的结构。

设计的同时注意到，文化遗产自身其实是由国外的评价练就而成的。吉田五十八不是只用国内的框架来考虑，他具有把文化遗产升华到国际化的眼光。他在年轻时也看了希腊的帕台家神庙，反而下决心要在日式风格的道路上走下去。这是一段名话，他从全球化的观点重新构筑了日式风格。明治 22 年（1889），初代歌舞伎剧场的出现也是福地樱痴这位当代第一的欧洲通，要在日本振兴欧洲人通用的戏剧而开始的戏剧改良运动的一环。

御厨：刚才谈到天皇的话题，20 世纪 60 年代中期，曾经有围绕东京海上大厦的建设的问题，引起了不小的争论，认为从高处俯视皇居太不恭敬了。现在回顾起来，我认为这一争论也是具有某种深刻的意义的。但泡沫经济以后，周边不断耸起高大建筑。现在，从高层建筑上可以一清二楚地看见皇居。皇居成了大厦的借用景观了。皇居在古代是俯视众地的江户城啊。现在却成为被俯视的地方，不得不让人认为天皇制也相当岌岌可危吧。

隈：当被俯视时，说明危机已经开始了吧，有没有和皇居保持良好关系的建筑师呢？饭仓的迎宾馆（饭仓公馆）是吉田五十八设计的吧。1960 年开始兴建的新宫殿，最初是吉村顺三（注 9）负责。吉村由于与宫内厅关系相处不好，中途离开了，也许从那时开始，皇居与建筑师已经无法共存了。

其后，内井昭藏（注 10）设计了吹上御苑的新皇居。内井昭藏的建筑是弗兰克·劳埃德·赖特（注 11）风格的继续。赖特自身也学习了日本的传统建筑，发明了带大屋檐的屋顶。赖特设计的东京帝国饭店将日本与西方文脉很好地结

日本国立室内综合体育馆（出自新建筑社《建筑 20 世纪 PART2》）

合在一起，是日本20世纪建筑原型之一。所以，感觉由内井昭藏设计皇居也是自然趋势。但没曾想到他去世后，日本建筑停留在赖特式的折中系统水平上。

御厨：应该是那样吧。曾经的首相官邸、现在的首相公邸玄关四周真都是赖特风格，但小型房间过多，不便于联系，所以这次设计得过于宽敞了。因为建造了外走廊和内走廊，所以从这个房间到那个房间似乎很麻烦。人真是不可思议，如果在附近，即使没有什么特别重要的事情，也会打个招呼。“喂，在吗？”但在远外，虽然内阁官房长官也会去内阁总理处，没有大事就不好意思去打扰。总理大臣不是更加孤独吗？

隈：明明就在附近，却感到更加孤独。这种类似于手机的状况蔓延整座城市。

官邸映现的“优柔寡断”的体系

御厨：最令人吃惊的是在新首相官邸聚会时，任何房间都没有钟表。称作的日本风格与原来的赖特方式完全不同，建筑师以排除一切西洋风格的形式设计了墙壁，没考虑到放钟表。

那个首相官邸没有采用某个特定建筑师来设计，而是以“建筑师集团”来设计的吧？

隈：听说委员会从建筑师的选定阶段就发生过争执。结果国家已经不能将代表国家的建筑物委派给一个建筑师。实际上，画图纸的是大型设计事务所，但是画图纸的人的名字却没有表示出来。

御厨：是的，是的。那个新首相官邸，好像是领导人们请了些顾问专家，形式上让他们提出建议，以这种形式来设计建造的建筑，不用个人来承担责任。

隈：现在的日本建筑体系基本上是通过匿名设计来回避风险的。匿名方企业也为了回避风险，只遵守面积条件，其他的都采取中立态度设计的方法。结果，这种做法往往产生空荡荡的感觉。所以又加入日本“和纸”的名家，庭院铺石也委托给名家等，将建筑以外的小处小物过分地赋予其文化性，总有做作的感觉。日本的回避责任式建筑方法的典型表现就是现在的官邸吧。

御厨：其官邸中种有竹子吧。好像那些竹子很快就枯了。竹子是作为日本的象征来种植的，但种植在玻璃空间里，空气流通不好，种植后不久就枯萎变成茶色。每年更换竹子，需要巨大的资金，这些也是大家不曾预想到的。

帝国饭店中央正门（明治村博物馆 提供）

新首相官邸中庭（2002年，共同通信社 提供）

正如您所说的，回避责任或者回避什么问题，其结果直接导致公共建筑变得越来越没有个性化了。

隈：是的。我们日本建筑师只有在国外工作时，才能设计有趣的建筑。看了国内的建筑体系，可以说在现有的大众评价体系和回避风险的体系内，无法做出建筑设计这样巨大的决断。因为建筑本身就是巨大的决断。在其体系中，存在与建筑相关的一切问题不能当机立断的一种病态状况。用不能当机立断的形式，做着这样巨大的决定，故意装作没有意识到其优柔寡断的产物自身就是一种巨大的暴力。

御厨：这种行为与政治和行政上分散责任是相同的吧。本来应该是这样的，无论结果好与坏，任性的掌权者将权力下放，“委托给你，按你喜欢的方式去做”这样的话，应该会做出个有趣的东西。但是，现在看来，这是十分恐怖的。并且，委托的掌权者最近也不断更替着。（笑）

注 1　吉田五十八（1894—1974）建筑师。出生于东京。致力于茶道茶室建筑的现代化，创建了粗木框拉门、暗柱墙壁和日式拼接留缝天花板等独特的建筑方法。主要作品有《料亭新喜乐》《大和文华馆》《古屋信子邸》等。著有《饶舌抄》（新建筑社）等。
注 2　矶崎新（1931—）建筑师。出生于大分县。主要作品《大分县立图书馆》（现大分县艺术广场）、《筑波中心大厦》《水户艺术馆》等。著有《空间》（鹿岛出版会）等。
注 3　丹下健三（1913—2005）建筑师。出生于大阪。主要作品《广岛平和纪念资料馆·公园》（香川县政府大楼）、《东京都政府大楼第一本厅大楼》等。著有《建筑和都市》（彰国社）等。
注 4　坂仓准三（1901—1969）建筑师。出生于岐阜县。主要作品《巴黎万国博览会日本馆》《东京日本法国学院》《神奈川县立近代美术馆》等。
注 5　勒·柯布西耶／Le Corbusier（原名charler–Edouard Jeanneret–Gris）（1887—1965）法国建筑师。出生于瑞士。20 世纪最具影响力的建筑师。主要作品《萨伏伊别墅》《朗香教堂》等。著有《以建筑为目标》（鹿岛出版社 SD 选书）等。
注 6　松永安左门（1875—1971）实业家。出生于长崎县。从事过日本银行职员等工作，着手经营电气事业。1922 年创立了东邦电力。第二次大战后的 1949 年，就任电力事业改组审议会会长，致力于实现九电力体制，被称为"电力强人"。著名的茶人、登山爱好者。著有《人世间　福泽谕吉》（实业之日本社）等。
注 7　小川治兵卫（1860—1933）景观设计师。出生于山城（京都府）。1877 年，成为小川家的养子。称为七代治兵卫（植治）。主要作品有山县有朋的《无邻庵》、野村德七的《碧云庄》等。
注 8　黑川纪章（1934—2007）建筑师。出生于爱知县。主要作品有中银舱体塔楼、日本国立新美术馆等。著有《行动建筑论》（彰国社）等。
注 9　吉村顺三（1908—1997）建筑师。出生于东京。主要作品有山上的汽车旅馆、轻井泽山庄、奈良国立博物馆等。著有《吉村顺三作品集》（新建筑社）等。
注 10　内井昭藏（1933—2002）建筑师。出生于东京。主要作品有樱台中心村、世田谷美术馆、国际日本文化研究中心等。著有《健康的建筑》（彰国社）等。
注 11　弗兰克·劳埃德·赖特／Frank Lloyd Wright（1867—1959）美国建筑师。提倡有机建筑。主要作品有罗宾别墅、自由学园明日馆、古根海姆美术馆等。著有《有机建筑》（筑摩书房）等。

第二章 | 歌舞伎剧场 向新的祝祭空间发展

藤森照信

是先有歌舞伎剧场还是公共浴池?

藤森：是什么时候决定让您设计歌舞伎剧场的？我听到过很多这方面的消息。

隈：是从 2004 年开始的吧。从最终规划方案批准之前就开始研究规划，在东京都委员会上听取了专家的意见。

藤森：重建话题里有趣的是，事前将规划方案给行政部门和专家们看时，他们提意见说，唐式山形墙像是“公共浴池”。其实这种理解是完全错误的，从先后的顺序来说，公共浴池是模仿了歌舞伎剧场。

在关东大地震重建之前，公共浴池都是建在街道里的，所以来的人有限，完全没有必要建造的很显眼。可是，由于大地震让东京变得动荡不安。在此后的重建过程中，外来人口大量涌入，建设豪华漂亮的设施就会招来客人，因此唐式山形墙开始兴起了，称之为“神社型”公共浴池。不过，在此之前已经发表了歌舞伎剧场的规划。在歌舞伎剧场钢筋结构搭建完成、外观初现的施工中，发生了关东大地震。所以说顺序是相反的。

隈：规划一发表便成为热门话题了吧？

藤森：是的。在江户时代，歌舞伎剧场虽然非常盛行，可是它却不具有其建筑形式。那是因为当时的幕府不允许。在江户时代真正具有建筑形式的建筑有城堡和大宅院，以及和歌舞伎相近的的能乐戏台和花街柳巷。

关于歌舞伎舞台的记载，在江户时代是这样描述的，用木头搭建一个架子，然后在四周围上草席。屋顶也简单铺一下，总之就是一个简易的棚屋。从幕府来看这就是花街柳巷吧。现在的歌舞伎剧场的位置上曾经有个山村剧场，因为江岛·生岛事件（注 1）后来被废掉了。中村剧场也因火灾后来被迁到吉原、猿若镇，因此，那里没有什么像样的建筑。

明治维新以后，开始了一种动向，要把歌舞伎打造成不逊色于欧洲的歌剧。

藤森照信
建筑师，建筑史学家。1946 年出生，工学院大学教授，东京大学名誉教授。建筑作品有《神长官守矢史料馆》《高过庵》《奇想住宅》等。著书有《日本近代建筑》《藤森风格建筑入门》。

因此歌舞伎剧场再次回到了市中心。在木挽镇兴建起来了，但是当时的建筑师们都把建筑风格给西洋化了。

隈：现在歌舞伎剧场的原点、第一代歌舞伎剧场是在明治 22 年（1889）由福地樱痴设计的。在当时他与福泽谕吉齐名，被誉为具有欧美主义色彩的国际化思想的人物。福地樱痴曾一度脱离了日本这个框架，从西方的视点来重新解读日本，将“改良剧场”作为新戏剧的殿堂，开创了歌舞伎剧场。因此第一代歌舞伎剧场实际上可以说是西洋格调的剧场。后来，建成了帝国剧场，因为帝国剧场是西洋格调的，所以我们就改变方针准备采用日本风格。

藤森：是的，因此我们委托给东京艺术大学的冈田信一郎（注 2）教授。冈田信一郎教授完全不认为在大街中央建造唐式山形墙看起来像公共浴池。唐式山形墙虽称作唐，但却是纯正的日本产物，出现在镰仓时代，兴盛于安土桃山时代。冈田信一郎教授是现代建筑师，并且，在设计理念上是一位历史主义学者，因此考虑过应该如何定位歌舞伎剧场的风格。

据说歌舞伎是安土桃山时代起源于出云阿国，所以冈田信一郎教授想按照安土桃山式样来设计。在此之前，日本传统的建筑都是伊东忠太（注 3）主导的，基本上以法隆寺以后奈良的寺庙为传统基础。到了昭和时代，日本传统的建筑向茶道茶室和伊势神宫这样的建筑式样上转变，但是，现在想想看，处于大正时代的冈田信一郎教授正好着眼于两者之间。

隈：这真是一个划时代的着眼点啊。

藤森：不过冷静地想一想，应该是一个非常危险的着眼点吧（笑）。因为安土桃山时代如您所知是一个乱糟糟的、汉洋混杂、起源不明的时代。

我认为冈田信一郎教授一定被安土桃山时代的和汉洋混合的那种不可思议的活力吸引住了。

隈：我觉得他的兴趣正是在此。虽说歌舞伎始于安土桃山时代，但是实际上并非是用那种形式的建筑来演出歌舞伎。

藤森：是的。因为是在京都四条的河原上演的。另外，我认为大概在冈田信一郎教授脑海里浮现的是巴黎的歌剧剧院。

隈：实际上，前些天，我和松竹的人们一起去了歌剧剧院。冈田信一郎教授是如何认识巴黎歌剧院的，这次去看了之后觉得很有趣，例如其中之一就是大阶梯。歌舞伎剧场一进去直接就有阶梯。在为残疾人着想的无障碍时代，这种构造实属不易，但也说明了“这才是歌舞伎剧场”。歌剧剧院同样也是阶梯建筑。再一个就是挑空空间。在歌剧剧院里，通过挑空构造，观众可以互相看到对方，“有谁来了”“穿着什么服装”。

藤森：这是社交吧。

隈：在歌舞伎剧场里，称之为“大房间”的设计，也是很注重挑空空间的。谁穿什么服装，谁和谁一起来的，一目了然。

藤森：实际去了一看，就会想歌剧剧院舞台前大厅的空间为何那么大呢？感觉大厅与舞台差不多大了。

隈：拿破仑三世对歌剧剧院有很深的感情，他本人就是设计的领军人物。他一直想要把歌剧剧院作为他的巴黎改造规划的重点。提出此项规划是因为他有明确的想法，城市空间就是社交空间。

藤森：拿破仑三世摧毁了中世纪的巴黎，建造了现在的巴黎。要让整个巴黎成为世界的交际舞台这种可能性还是有的吧？现在反而可以说，今后的巴黎只能在那一点上找到一条生路。

隈：欧洲在当今世界经济中，在工业生产力和农业方面几乎没有制胜点。因此在 19 世纪这个阶段能够洞悉未来，把巴黎建设成社交舞台城市，让巴黎比伦敦彰显风采，显示其优越性。

扩张的歌舞伎剧场空间

藤森：从明治时代开始歌舞伎的相关人士就一直留意歌剧剧场。涩泽荣一在做东京规划方案的时候，曾经正式向政府审议会提出规划，要在兜町的一角建一座歌剧剧院。政府、经济界都非常清楚歌剧剧院在欧洲的重要性，也深知日本只有歌舞伎。因为歌舞伎是日本少有的把社会和政治连接在一起的戏剧。

隈：从某种意义上来讲，歌舞伎也有被权力利用的一面。

藤森：幕府既利用歌舞伎，同时也拼命压制歌舞伎。从江户时代起，歌舞伎剧场所具有的社会意义从未丧失过吧？

隈：是的。在明治时代，福地樱痴把对立的四个剧场同盟（新富剧场、中村剧场、市村剧场、千岁剧场）进行了统合，剧场就不会轻易垮掉了。这种组织形式一体化的戏剧，世界上也是罕见的。

冈田信一郎也找到了那种大型的、与具有社会意义的歌舞伎相称的建筑式样。即使舞台完全改变了江户时代的式样，也与大阪的新歌舞伎剧场、京都的南剧场迥然不同，只有东京的歌舞伎剧场以 27.5 米长的正面宽度压倒了观众。要与东京对峙，就必须修建如此巨大的门面，选择如此规模的观念就是城市设计。

藤森：现在与冈田信一郎先生那个年代的情况不同，从前人们把自家门前或店铺前的道路说一半是自己的，如果是公共性的用途都可使用。因此可以认为，那片地都是为歌舞伎剧场而备的。

在歌舞伎剧场周围，首先就是吃喝。这从江户时代开始就是最基本的。观看歌舞伎是快乐的事情，需要一天时间。夏目漱石一家看歌舞伎也是早出晚归。在茶馆里换换衣服、吃顿饭，此外还找些乐子，也干点坏事。特别是女性观看歌舞伎，对此幕府极度反感。到了明治时代，重新出现的新桥的艺妓也去木挽町歌舞伎剧场周围的高级酒家服务。因此说歌舞伎剧场多少有点像筑地市场，主体建筑周边有很多与此不相干的店铺。现在的剧场这样的设施不多吧？

上：冈田信一郎设计的歌舞伎剧场　下：由吉田五十八修复的歌舞伎剧场（《建筑 20 世纪 PART2》新建筑社出版）

隈：没有啊。这种给周边带来一定的经济效益、具有超越公共建筑的公共性的设施已从城市里消失了。所以，能否把歌舞伎剧场和城市再次衔接起来，是新歌舞伎剧场的一个主题。旁边的木挽町大街一侧，被以前的歌舞伎剧场挡住，从外面什么也看不见。这次的结构是，面向大街，从外面可以看到里面的店铺。与当地和银座的人们谈话时，也强烈感觉到他们需要那种给歌舞伎剧场周边带去活力的效果。

那一带，也包括筑地的未来，将要成为今后话题的中心。将歌舞伎剧场向城市开放，就能把城市建筑被 20 世纪式的道路分割开来的东京再次建成曾经的网络型城市。

“生产时代”之后将要来临的

藤森：歌舞伎剧场的正面以什么形式保留了下来？

隈：形状保留了下来，瓦和金属部件也保留了一部分。

藤森：那么，银座大街上突然出现了唐式山形墙，是以这种有趣的形式保留了下来吗？

隈：所以那种突如其来的才是东京的宝物吧。还有颜色如何处理。栏杆状飞檐现在涂的红漆，最初是纯白色的。

藤森：使用白色，冈田有他独特的见解吧。即使在安土桃山建筑的历史里，以白色为基调的也只有日光东照宫的大门，白色大门在世界上是不多见的。

隈：是不是有点像维也纳的奥托·瓦格纳（注 4）？白色和金色的结合。

藤森：是吗？这点我还真的没有注意到。的确，冈田一直在关注着欧洲，把深受瓦格纳和约瑟夫·玛丽亚·奥尔不里希等维也纳分离派影响的东西在现实中创造出来了。现在已经不复存在的九段坂医院就是受到斯托克雷特宫的影响而建造的。

隈：歌舞伎剧场最初没有使用红色，使用白色和金色不是更接近于瓦格纳了吗？瓦格纳使用的是拜占庭风格的金色吧。

藤森：是的，是的。因为是维也纳，所以只是稍稍加入了一点儿东方异国情调。

隈：使用金色的维也纳派和一直使用银色、排斥金色的德国的彼得·贝伦斯、密斯·凡德罗、瓦尔特·格罗皮乌斯流派，这两个流派是现代主义的最初的分歧点。结果是使用金色的派别消失了，但对我来说觉得还是金色有趣。

藤森：的确如此。因为在建筑里面不能用银色，所以使用了镀铬，但银色建筑

上：创建当时的九段坂医院（1926年，出自《九段坂医院四十年史》）
下：斯托克雷特宫邸（《建筑20世纪 PART2》新建筑社出版）

所具有的古朴的奢华，不适合戏剧和社交空间吧。

那么，歌舞伎剧场果断让金色死而复活吧？建筑最初时的白色和金色又复活了。

隈：金属部件尽量再利用原有的，都是时间久远退了色的。关于红色的部分，应该是冈田原有的白色还是我们见惯了的红色呢？这真令人期待。

历史上曾有贝伦斯、密斯、勒·柯布西耶20世纪产业派的工业化社会派别和从拜占庭那里继承了祝祭空间的维也纳派别。从历史的发展来看，现在整个格调正在由产业派向社交、祝祭派转移。时代从产业化的20世纪向服务和观光的21世纪变化，这两者共存。我认为如果以这种时代认知来决定颜色是很有意思的。

藤森：是颜色和质地吧。那很有兴趣。非常符合隈先生的风格。铁和玻璃、钢筋水泥是不一样的……

M2（隈研吾建筑城市设计事务所 提供）

隈: 20世纪的日本是产业化，即工业化社会的优等生。不过，说起来在江户时代，城市里祝祭活动设施还是不少的。发掘明治时代以后被埋没、被迫害的祝祭派的日本也是一个主题。

藤森: 的确歌舞伎原本就是这样的。这么一想，松竹剧团选择隈先生是选对了。我们这一代祝祭意识是很差的。伊东丰雄先生和安藤忠雄（注5）先生也是从战后重建、生产时代过来的。想一想，我们的下一代，说起祝祭意识与您差不多。隈先生的问世之作——汽车公司的M2也将会转用于祝祭中的殡葬祭祀之中。

隈: 冈田信一郎之后，亲手改造歌舞伎剧场的吉田五十八，用祝祭派和产业派来说，是哪一派呢?

藤森: 吉田先生作为昭和时代的建筑师，除了祝祭派，简直就是和歌舞伎剧场共同成长起来的人物。总之，吉田先生在歌舞伎剧场唱过三弦曲。不是外行，而是作为杵屋一门的歌手登上舞台的。

吉田先生是太田胃散的儿子，从孩提时代起，太田一家就去歌舞伎剧场。母亲和女儿在更换每个演出节目的空隙，在茶馆里换衣服。因此周围的人们会这样议论：今天太田一家穿着什么样的和服来的？吉田先生的母亲被称为“现代的淀夫人”。那么吉田先生就是“现代的秀赖”（笑）。吉田先生的夫人是一位很浪漫的人，我采访过她，怪幽默的。她结婚后搬入新居，吉田先生和他的母亲也一起搬来了（笑）。开始了三个人的生活。他媳妇和母亲每天早上的工作就是，在众多的和服中挑选吉田先生当天的穿着。

吉田先生和冈田先生都是艺大的教授，是建造战后茶道茶室、高级饭庄的人物。他们把传统的高级饭庄建筑首次建造在混凝土大楼里，又建成了新兴茶道茶室。吉田先生把歌舞伎剧场的桃山风格稍稍改变成茶道茶室风格了。然后，又亲手采用新兴茶道茶室风格改造了岩波茂雄的旧别墅惜栎庄。

隈：吉田先生写道：建造第四期歌舞伎剧场的昭和20年，是日本最缺少资金的时候，物资也严重匮乏，自己有许多不满之处。用茶道茶室风格设计解决了贫穷和困难，这是战后日本建筑的原点。说到底，茶道茶室逆转了贫穷并再次定义了什么是美。

藤森：重建生产时代开始时是桃山时代吧。

隈：简朴的茶道茶室不是很好地适应了产业化吗？

藤森：隈先生也必须要再创作出新的祝祭空间呀。

隈：在这次改建中，光就是一个很大的主题。从冈田信一郎向吉田五十八的转换是时代的变化，简单说是从可以看到光源的白炽灯变为间接照明的荧光灯，荧光灯是产业时代的象征。这次是LED，不发热的间接光。场地上的灯笼也变成LED的了。

藤森：陶特（注6）来到日本时令其感动之一的就是灯笼。因此，他亲手设计日向邸的室内装饰就是把小灯泡排列，再用竹竿吊起来吧。

日向邸（〝旧日向别邸〞社交室）（热海市文化交流课 提供）

隈：是吗？那是灯笼吗？陶特是挑战如何处理祝祭格调与“和”的关系的先驱者之一吧。

藤森：他留意到“和”所具有的夜晚的祝祭性质。这正是当时日本的现代主义者所讨厌的“已无向陶特学习之处”。不过很有趣呀。冈田先生是东照宫安土桃山派的祝祭派，吉田五十八先生是茶道茶室派的祝祭派，陶特可以说是具有现代和茶道茶室派的祝祭性质。

隈：吉田五十八先生虽然把完成的茶道茶室式样作为基础，但并非出格。另一方面，用个人的力量来处理“和”与祝祭关系的陶特，也有非常奇怪的地方……

藤森：低俗。

隈：低俗是无人跟随的（笑）。这次，再次感受到风格的力量。陶特不依赖风格。相反，冈田先生和吉田先生正因为有自己的风格，所以他们的创作也才能灵活地应对时代。

保留下来的日本的特殊性

藤森：实际上具有历史风格的世界已经灭亡了。20 世纪，勒 · 柯布西耶和包豪斯设计学院等认为风格就是罪恶，一概被禁止。只有在日本，风格作为现代的设计理念被保留下来，矶崎先生、安藤先生、隈先生都设计了茶室。也有很多人设计茶道茶室。总而言之，现代建筑里，以奇特的形式、圆滑地保留下来的有茶道茶室和茶室，这对建筑史学家来说完全是一种令人烦恼的存在。

隈：在大学时代被灌输了现代主义理念的我的躯体中，还保留着许多对茶道茶室的感性认识。

藤森：日本人都有的呀。

隈：与此相反，现在在欧洲也接受了这种认识。

藤森：有的，有的。隈先生不是也接受了很多吗？

隈：将日本仅有的加拉帕戈斯现象中残留的、得到世界好评的东西作为未来发展空间的资本来用，这种反转是非常有趣的现象。

藤森：那是因为感觉到20世纪的建筑设计停滞不前了。现在建筑设计不管看到什么，“知道、知道”总有一种似曾见过的感觉。就像跑100米一样，为了提高零点零几秒的成绩，只能做出给人体注射药物，提高跑鞋和计量器、跑道性能的事。日本的年轻一代，虽然很努力奋斗，但是隈先生与那种流派大相径庭。

隈：中国人经常说，日本被保留下来的不是受北方民族影响的元代、清代的中国文化，而是具有汉民族独特性的汉、隋、唐、宋、明代的文化。

因此，我的建筑被说有和中国风格一致的地方，确实我也有受托过中国政府的工作。在中国人看来，像茶道茶室的建筑存留着汉民族本质的东西。做梦也没有想到会被这样说（笑）。

藤森：的确，宋代文化是通过禅宗传入日本的。可以说，镰仓·中世纪的文化都是从南宋传过来的，日本一直将其保留并传承下来，反过来说其与现代文化也有一个交点。因为茶道茶室、茶室是由包括堀口舍己（注7）先生在内的现代主义者们发现的。

中国人觉得日本有宋代文化的影子，欧洲人评价日本的茶道茶室、茶室传统的另一个理由还是自然的问题。茶道茶室、茶室使用了天然的素材，这在世界上是少有的。使用土、石头和树木保留自然的形状，大体是原始人的做法。否定这些，做成对称形状或把表面磨光，加入人工因素后建筑文化得以发展。

在日本的安土桃山时代，建筑在向日光东照宫的风格转变的过程中，千利休故意把大自然的失真和偶然留下。

所谓的安土桃山时代的主流日光东照宫式的美学称之为“书院造”（书斋兼客厅）。“书院造”简朴，比其品位高些的是茶道茶室。茶道茶室为什么会得以存在，那是因为在安土桃山时代，阔绰的半臣秀吉所喜欢的“书院造”与否定它的千利休的茶室产生了对抗。茶室的因素对书院造带来影响的是茶道茶室。千利休建造的草庵风格的茶室格调新颖，并且保证了设计上的个人自由空间。

隈：材料主义、自由搭建，这些成为一个经过凝缩的优雅的世界。一般认识自然后是会想到普通的小木屋、破房子吗？把天然的东西和偶然巧妙结合而成有形之物，只有日本才可以做得到。

藤森：在日本的历史上只有与千利休同时代的茶人能做到。千利休派以外的派别突然变成了民间艺术世界了。总而言之，就是农民的世界。虽然如此，我还是特别喜欢。

千利休是织田信长和丰臣秀吉培养起来的。织田信长和丰臣秀吉都比较喜欢西方文化，千利休边注视着他们边给他们建造了一个边长 1 米 8 的四方的、破草屋似的房子。据说在这样的破草屋里，千利休和丰臣秀吉两人饮了 4 个小时的茶，丰臣秀吉气得不行（笑）。漫画《战国鬼才传》（讲谈社刊）里面说，现在比千利休有名望的古田织部说“千利休设计的空间给人以痛苦的感觉”，的确如此。我也建造茶室，但是比边长 1 米 8 的大。小于 5 平方米的没法建造了。

再就是从时代上来看，千利休是文艺复兴时期的人物，正好和米开朗基罗处于同一个时代。如果像天正使节团那样，那时的千利休访问了梵蒂冈的话，他也许会看到茱利叶斯二世下令让米开朗基罗拼命画天井画的情形。如果在那里两个人对话，应该会说：掌权者真讨厌呀，我们互相会被杀掉的。

千利休在当时把世界上还无人做的人类的原始住宅作品化和结晶化了。我感到他极为自知的是两块铺席茶室的大小。这与达·芬奇的展开手臂的著名的人体图是相同的。还有，我认为千利休对建筑的理解要远远高于达·芬奇，就是千利休把火植入那个四四方方的茶室里。以前喝茶，都是主人吩咐茶童把沏好的茶拿到茶室来。把火带入茶室不正是千利休一直追求的建筑空间的根源吗？

千利休带来的对抗轴

隈：千利休之所以能形成自己的东西，我认为是他大量地接触到了西方文化。据说弥撒的礼仪影响了茶文化。用小绸巾擦茶碗的手法，与用餐巾做弥撒的使用方法类似。做弥撒时，边唱着“基督之血”，边虔诚地饮着葡萄酒吧。而中国的茶道里没有如此的宗教性。

藤森：千利休是基督教徒的说法刺激人的想象力呀。

隈：歌舞伎受到耶稣会戏剧的影响是丸谷才一的观点，但我也认为如果没有耶稣会戏剧，那歌舞伎的祝祭性是不会成立的。我总觉得现在已经消失了的西方文化的影响似乎还有许多隐藏在所谓的那个时代日本本土的发明中。

藤森：我认为，在亚洲，日本的江户时代与中国和韩国完全不同，能够拥有初级和新颖的现代化，归根到底是由于在安土桃山时代接触到欧洲而带来的。在这之前，文化的原理一直都在中国。初次接触到全然不同的原理，它就会以千利休那样的形式把日本传统的东西维系起来。

但是，在现代建筑业界里，关注千利休重要性的甚至有丹下先生和前川先生的老师堀口舍己先生，战后的建筑师们实际上没怎么去关注。没有想到丹下先生和前川先生会建造茶室吧。于是，暂且中断的又被矶崎先生恢复了，隈先生也在做，这种现象真不可思议。

因为对茶室有兴趣，我曾去原広司（注8）先生那里问过千利休的事情。于是，他问道："你打算怎样建造茶室？"一副似乎不认可的表情（笑）。我马上明白了他质问的意思。"哪里话，我既不想对抗也不想超越千利休。""这还可以。"（笑）原広司先生说了些什么？他说："自己看过世界上的各种建筑，也与世界的建筑师们有交往。看到金字塔、欧洲的现代化设计和大教堂时，有很强的压迫感。是一种文化对自己的压力。

"不过，自己作为建筑师能坚持走下来，多亏了千利休啊。"他的话让我吃惊。

隈：进行过世界部落调查的原広司先生说了民族主义那样的话吗？

藤森：说了呀。说了如何在危机的时候逆转局势。

隈：千利休是最早接触到西方全球化的人，并在直觉中找到个人和地域与之抗衡方法的艺术家。这种弱者，给出了如何在全球化大浪中反败为胜的方法。简而言之，没有钱时也能建造好的建筑。

藤森：那是对华丽的对抗。

隈：文艺复兴也是在那种时代吧。个人用一种民主来反抗教会。达·芬奇和米开朗基罗采用了逆转局势的方法来反抗特权阶级的教皇局和贵族意识。千利休从西方学来了这种方法。想一想这如果只在日本社会中是绝对不会发生的。现在的 MUJI（无印良品）和 UNIQLO（优衣库）也是立足于千利休的革命延长线上。

藤森：的确如此。

隈：日本发现了反败为胜的方法，中国却没有。中国的情形，是用新政权来取代旧政权的真正意义上的革命。日本对政治要求很严厉，但在自己小小的茶室里可抛开政治。

注 1　江岛·生岛事件：正德四年（1714），江户城将军夫人江（绘）岛和山村座的歌舞伎演员生岛新五郎的不伦事件败露，被发配到信农的高远地区。新五郎被流放到三宅岛，另外株连数千人，山村座被解散了。
注 2　冈田信一郎（1883—1932）建筑师。出生于东京都。主要作品有大阪市中央公会堂、鸠山会馆（旧鸠山一郎公馆）、明治生命馆等。
注 3　伊东忠太（1867—1954）建筑师、建筑史家。生于山形县。于1893年发表"法隆寺建筑论"，开辟了日本建筑史研究的道路。在中国和印度等地进行了古建筑的调查，向世界介绍了云冈石而被认知。主要作品有平安神宫、明治神宫、乐地本愿寺等。
注 4　奥拓·瓦格纳／Otto Wagner（1841—1918）活跃在维也纳的奥地利建筑师。对 20 世纪的现代主义运动有很大的影响。主要作品有卡尔广场车站、维也纳邮政储蓄银行、斯坦霍夫教堂等。
注 5　安藤忠雄（1941—）建筑师。出生于大阪府。主要作品有住吉的大杂院、光的教会、李禹焕美术馆等。著书《建筑师安藤忠雄》（新潮社）等。
注 6　布鲁诺·陶特／BrunoJuhus Florian Taut（1880—1938）德国的建筑师、城市规划师。1933 年至 1936 年，旅居日本。主要作品有铁的纪念碑、玻璃屋等。著书《日本文化私观》（讲谈社学术文库）等。
注 7　堀口舍己（1895—1984）建筑师。出生于岐阜县。主要作品有紫烟荘、明治大学生田校舍、八胜馆·幸福房间等。著书《千利休的茶室》（岩波书店）等。
注 8　原広司（1936—）建筑师。出生于神奈川县。主要作品有梅田蓝天大楼、JR 京都车站、札幌巨蛋等。著书《村落告诉你 100 个问题》（彰国社）等。

第三章 | 住宅区之后的公共住宅

原武史

和星星户型住宅的相遇

隈：我是在大仓山（神奈川县横滨市）长大的。从幼儿园的时候开始乘坐东急东横线到田园调布（东京都大田区），因此“东急文化”对我影响很深。我出生于昭和 29 年（1954），昭和 30 年东急沿线发生了很大的变化。那时我家旁边建起了东海道新干线新横滨车站，于 1964 年 10 月东京奥林匹克运动会之前通车了。我经常去我家旁边的车站施工现场。农田里不断耸立起的高架铁路是我的原野风景之一。

原：正好在东横线的大仓山车站和菊名车站之间，东横线和东海道新干线相交叉吧。感觉从多摩川到靠近菊名之间的一段，东横线和新干线是并行行驶的。我初中和高中读的是庆应义塾大学的附属初中和高中，所以一直乘坐东急东横线。在东急东横线沿线，田园调布和多摩川一带从大正末期开始开发了一些住宅小区。穿过多摩川进入神奈川境内，可以看到每个车站都有不同的特征。日吉这个地方是在庆应义塾大学搬迁到这里之后才成为大学城的，纲岛站原来的站名叫纲岛温泉站。

隈：这么说来，在东急东横线沿线元住吉有朋友住在星星户型的住宅里。

那是公团（日本住宅公团）开发的吗？

原：从与元住吉相邻的日吉车站乘巴士到某公团建造的日吉住宅小区，是星星户型住宅小区，这种星星户型的楼房一共有 3 栋，但是，总户数只有 667 户，并不是很多。东急东横线沿线没有公团建造的较大的住宅小区。星星户型的住宅小区并不都是由公团开发的，原电公社和地方自治体、企业也有开发。广岛县福山市一直到现在还保留着日本钢管（现在称为 JFE 钢）作为职工住宅建造的星星户型住宅小区。

隈：也许是公司的宿舍吧。一进入用钢筋水泥建造的星星户型的房子里，就感觉好像来到了未来的世界一样，给小孩子的心灵以很大的冲击。即使现在来看

原武史
明治学院大学教授。1962 年出生。研究日本政治思想史。著有《泷山公社 1974》（讲谈社文库，获讲谈社非虚构奖）、《昭和天皇》（岩波书店，获司马辽太郎奖）、《震灾和铁路》等。

也是很独特的一项建筑计划。

最前面的房间有个接近于 360 度的敞口，有种飘浮在空中的感觉。

原：公团大力开发建造星星户型住宅小区的时期是 20 世纪 50 年代后期到 60 年代前期之间，时间并不是很长。目前在首都圈内还拥有星星户型公团住宅小区，譬如千叶县松户市的常盘平和东京都北区的赤羽台。在西武沿线，云雀丘只保留了一栋。最初的住宅小区不是建造在丘陵地带，而是多建在平地和高原上。那个时候，作为热门户型之一，感觉星星户型很抢手。

隈：在平原上建造住宅小区是具有很大的象征性意义。新京成、东武沿线一带之所以能够建成住宅小区是因为统一买到便宜的土地吗？

原：可以这样说。譬如说中央线车站周边的土地多数都用于住宅了。如果东武和西武还有新京成把住宅小区开发到郊外的话，那住宅小区里马上会有很多土地转为他用。

20 世纪 50 年代后期到 60 年代初期，是住宅小区作为新式住宅最引人注目的时期。这一时期一直落后于其他公司的公司开始积极地招揽住宅小区。他们用关东的云雀丘、新所泽松原住宅小区、常盘平、高根公团、百合丘等住宅小区的名字冠名车站，对国营铁路和其他电车公司拼命扩大自己的形象，“现在这里是最新的”。

隈：以私营铁路公司为先导，对郊外大规模开发在世界上是罕见的。这是谁构想出来的呢?

原：1910年，阪急公司的始创者小林一三在梅田与宝琢和箕面之间开通箕面有马电气铁路的时候，为了在郊外开发中确保稳定的客源，在池田车站附近开发了第一个有名的“池田新市街住宅小区”。作为第一期工程把小区分成87部分，一块一块地出售，并于1910年当年就卖出了51个小区。

我现在说的情况是，与私营铁路公司作为房地产开发商来开发的住宅不同，西武、东武、新京成等这些私营铁路公司和公团联手开发的新型住宅小区总户数在2000到3000户。住宅由公团建造，私营铁路公司为方便乘客乘车更换站名，或者为新开发的住宅小区建造车站。西武的新所泽就是这样，当时引进了最新设备，使崭新的车站一跃成为私营铁路公司的门面。

隈：从私营铁路公司的立场上来看，自己投资开发住宅和全部设施，收益会更好一些。可是没有那么干的理由应该是没有开发住宅小区的技术吧。

原：是的。以前私营铁路公司开发的住宅小区基本上都是独幢楼房。长时间花大力开发独幢楼房的住宅区，我认为最好的例子就是东急公司开发的多摩田园都市了。

田园都市线的开通是1966年，但是从20世纪50年代开始，五岛庆太会长亲自出马四处奔走，说服了不肯出让土地的地主，终于买到了大片土地。

公团的住宅小区，无论是云雀丘还是新所泽其总户数都达到了2400—2700户。埼玉县的草加松原住宅小区、武里住宅小区都是6000户左右。成千上万的

云雀丘住宅小区的星星户型房子

新住户一举搬入新居，这比独幢楼房的入住率要高。因此，私营铁路公司不甘落后紧随上去，总之，必须增加客源，他们采取的办法是全户出租，或者建设与公团的住宅小区规模差不多大的住宅小区。此战略很有成效，西武一下子成了最赚钱的公司。可是，从长远的现象来看，我认为伴随着住宅小区形象的恶化，难道不是也牵连着私营铁路公司形象下滑吗？

从住宅区观察与苏联的同时代性

隈：现在和我们认识的大不相同，住宅小区实际上是一个尖端产业。因为建造那样的中高层住宅，可以容纳几千人。虽然比不上宇宙开发，但是如果没有一定的技术力量，是无法实现的。公团通过国家的支持在当时引领了尖端产业，是具有使命感和拥有优秀技术人才的团队。战后引领建筑教育的老师们，也包括西山卯三（注 1）在内很多人都在公团和其前身住宅营团里或长或短地工作过。

原：是的。当时，公团的相关人员甚至到苏联去考察了公共住宅。公团成立于 1955 年，星星户型住宅的建造大约从 20 世纪 50 年代后期开始，在苏联 1953 年斯大林去世后，赫鲁晓夫掌握政权的时代，在莫斯科和彼得格勒这样的大城市郊外采用大型板面施工方法建造了很多住宅小区。

可以说，这种日本和苏联的同时代性是非常有趣的。2009 年 8 月，在莫斯科郊外的新切廖穆什金区看到了 1958 年建造的住宅小区，这里真的是外国吗？真是令人吃惊。5 层高的建筑，门口有信箱，上了楼梯以后，两户的门正面相对，阳台上可以看到晾晒的衣服，还有儿童乐园，妈妈看着儿童在尽情玩耍。我在住宅小区里长大，这样的景色已经完全地刻入我的脑海里。能够在外国看到如此与日本的住宅小区相似的景色，除了在 2008 年 11 月访问华沙的时候，再也未曾看到过。

高层和超高层公寓在世界各地到处都有。但是给我的印象是，在外国像日本的住宅小区那样的中层公寓楼整齐、规则地排列的景色，现在也许只有在原来的社会主义国家里能够看到吧。

隈：日本虽然不是共产主义政权，但是住宅小区的景色和苏联的工人住宅区，即使是纵观全世界，也会感觉到非常相似。这样的例子在美国和在除了东欧以外的国家也没有。

在美国，解决第一次世界大战前后住房难这个问题时，制定了基本上通过

新切廖穆什金（2009年，原武史 摄影）

住房贷款购买独幢楼房的制度。当时，反共思想急剧高涨，认为公共住宅是共产主义的温床。1920年前后是欧洲社会民主主义“左”倾化的时代，在维也纳和柏林建造的公共住宅，立足考虑到城市现有的布局，规模没有苏联和日本那么大。在设计上改变很大，具有人性化。

在大量供给机能性上，只有苏联和日本具有共通性。但根本不同的是日本的住宅小区不是为工人建造的。苏联20世纪是工业时代，给担负重任的工人提供住宅是最大的目的。日本的住宅小区具有面向高智商职员的特性。因为他们是日本高速发展中的主角。

原：不过，即使是住宅小区，但公团和都营、县营、市营这样的公营住宅小区也不相同。正如隈先生刚才所说的那样，公团入住是带有条件的。譬如，收入必须是拥有房租4.5倍到9倍以上的限制，所以住户是以白领阶层为主。在这些公团住宅小区里，云雀丘就曾经接待过当时的皇太子夫妇的视察，因此形象很好。住户大都是乘坐西武线到池袋，或者在池袋转车去东京市中心上班的公司职员。许多大学教授和新闻记者也住在这里。

也有收入过高也不能入住公营住宅的。譬如，在东京东部建造的都营住宅小区，不是有少部分蓝领阶层的人们入住吗？从总户数上来说，都营住宅小区除了户山的公共住宅区、桐丘住宅小区、村山住宅小区、长房住宅小区外，都不建造 3000 户以上的住宅小区。3000 户以上的大型住宅小区绝大多数都是由公团来开发建造的。星星户型和带有阳台的两层公寓也主要是由公团开发建造的。

隈：国家想利用公团拉伸日本的住宅政策。但那个公团与社会需求和出租住宅的社会住房市场没有必要的关系，当初设定的目的限于给中产阶级的知识阶层提供住宅，在日本式的框架中，取得了单方面的进步，这反而导致以后住宅政策的僵硬化。

譬如说，公团住宅最标准规格的房间布局里面有“51C 型”。在建筑业界里，这是作为现在和战后死板的住宅政策的象征来对待的。上野千鹤子说“51C 型”的标准规格规定了之后的日本住宅空间。但是，这个户型最吸引人的地方并不

当时视察云雀住宅小区的皇太子夫妇（1960 年 9 月 6 日，每日新闻社 提供）

是把卧室和餐厅分开以适应新生活方式的房间布局，而是厨房餐厅合而为一。在崭新锃亮的组合厨具旁边就餐，这被误解成这才是新的西方和美国式的生活方式。物品比房间布局重要。可以说拜物教也是日本的东西。无论是社会学者还是建筑师都容易忽视这一点。

从建筑里萌发的革命意识

原：不锈钢厨房水槽、抽水马桶、燃气浴室等一应俱全，也设置了很多电源插座。统计数据表明，住宅小区的住户家用电器的普及率远远高于一般家庭。可以说公团认为这体现了美国的生活方式。

可是，实际上住在小区里的住户们马上就会遇到各种各样的问题。这里面恐怕也有连公团都没有意识到的问题吧。

例如，收入没有达到一定水准的人不能入住公团的住宅小区，因此，大家都会在某种程度上拼命工作改善家中收支情况。这样，只靠父亲一个人的工资生活就会有点困窘，于是就想夫妇共同工作。可是两个人都工作的话，照看小孩子的托儿所却没有。或者幼儿园和小学也比较少。云雀丘的保谷镇有幼儿园和小学，可是久留米镇没有。这里只有东西价高质次、种类也少得可怜的超市。巴士车票贵，末班车收车早，电车的车票和房租都在涨价，自来水管生锈出来的水是红色的。各种各样的问题层出不穷。

这样一来，为了开设托儿所，住户们就开始行动起来，和市、镇相关部门进行交涉，与附近的农户直接交涉建立露天市场。在云雀丘住宅小区，有个叫寿食品的干货商店，初次销售婴幼儿食用的袋装沙丁鱼干而大获成功。这个商店现在成为餐饮连锁店“云雀”了。

住宅小区里建立自治会后，家庭主妇们开始有了政治意识。她们对物价和育儿问题特别敏感，妈妈们入住小区以后展开各种各样的活动。在公共住宅小区里，大家都因为同样的事情而烦恼，搞明白之后，大家同心协力解决这些问题。这成为革新的政治意识觉醒的契机。20 世纪 60 年代，无论哪个住宅小区，革新力量的强大并不是因为这些住户最初就是共产党的支持者，而是入住住宅小区之后萌发的政治意识。

总之，苏联最初是以政治目的为基础建造了住宅小区。与此相反，日本是建造了住宅小区之后才出现革新的政治意识。入住条件严格的公团，在共产党扩大对其支持的背景下，才有了公共住宅小区的形式，这一点是非常肯定的。

隈：在日本，从某个时候开始公共住宅小区建设自身就目的化了。同润会最初建造了关东大地震后的重建住宅小区，带有扶贫的性质。后来，逐渐转变成为中产阶级建造智能化、漂亮的住宅，他们意识到与现有城市的关系，千方百计地谋求地区社会的活力。

可是，公团出现后，同润会便失去了创建公共设施的社会走向和对住宅小区整体环境的关心，只剩下能大量提供新式建筑的优秀技术人员。总之，出现了日本人那种精益求精、打造高品质的陋习。因此以前欠缺的共同体这次将由住户来弥补，由于供给方丧失了社会意识，所以住户自己便萌生了。

原：特别强调的是，由于公团规定，只有收入达到一定程度的人才可以入住，所以住进来了许多知识分子。除了大学教授和记者之外，不破哲三（注 2）和上田耕一等共产党的候补干部们，都住在住宅小区里。

大阪的香里住宅小区，位于从京阪电车枚方市车站乘巴士即可到达的地方，这里既可以到大阪又可以到京都，因此，京都大学的许多老师都住在这里。以多田道太郎和樋口谨一等人文科学研究所的人为主创办了内刊《唤醒香里新闻》。这个报纸是以20世纪60年代安保危机引发了住宅小区的市民主义运动为动机，由“香里丘文化会议”创办的。文化会议里面没有章程，排除了党派性。所以，譬如邀请了萨特、波伏瓦、里斯曼，还请来了松田道雄举办育儿讲座。

云雀丘住宅小区在20世纪60年代安保危机的时候，住在位于西武沿线的练马区的哲学家久野收和东京大学的坂本义和、筱原一，横滨市立大学的远山茂树等人合作创办了“武藏野线市民会议”。他们组织了在云雀丘住宅小区的演讲，包括不破哲三在内的住户都去听，来就此判断是否加入这个“武藏野线市民会议”。结果不破先生他们又另外创建了一个“保护云雀丘住宅小区民主主义会”。这个会与“武藏野线市民会议”“香里丘文化会议”不同，共产党的一些意识从开始时就牢牢地渗透到里面。譬如说，1962年发生古巴危机的时候，当时共产党的口号就直接刊登在会报的版面上。

从整个住宅小区来看，20世纪60年代，共产党的实力迅速强大起来了。继云雀丘住宅小区之后，东久留米住宅小区、泷山住宅小区等公团大型住宅小区建设持续进行的久留米镇就是最典型的事例了。共产党的得票率在1958年时只有3.4%，可是到了1969年却达到了21.3%。

隈：正如美国在20世纪初期曾经预测和警告的那样，实际上，在日本公共住宅小区已经成为共产主义的温床了吧。

原：结果果真如此。为什么说那时共产党的实力增加了？那是因为，不论是学校问题、铁路巴士问题，还是房租问题，我觉得都是共产党亲身为民解决问题。迫切的问题逐渐解决了，还有住宅小区的居民人口大幅减少，所以现在已经不再拥有那么强大的势力了。一看到住宅小区内的海报，就感觉到公明党现在顽强地把组织发展壮大了。

隈：20 世纪建筑界最伟大的建筑领袖勒 · 柯布西耶有句名言："是建筑还是革命？"他忽视了给人们物质上的满足、并在革命中保护社会的建筑。所谓建筑的定义就是一种排气阀门。

相反，由于做建筑，社会意识得到提高，向往革命，这就是日本的住宅小区很有趣的地方。苏联是在住宅小区建造之前就有了革命，所以建筑作为满足工人的工具发挥了作用。日本正好相反，是住宅小区这一建筑酝酿了革命的气氛。

原：1955 年的"六全协会"以后，共产党从武装斗争路线转向了温和的会议主义，因此，向往革命的都是那些住在东京都内木制公寓的"新左翼"和"全共斗"的人吧。

1972 年，在"联合红军浅间山庄事件"发生的大选中，共产党获得了成立以来最多的 38 个席位。东京、大阪、神奈川等城市中心一带完胜，全都获得最高选票。

这一年是"新左翼"衰退和推进走温和路线的共产党的飞跃都非常显著的一年。

在“新左翼”和“全共斗”的动向最引人注目的20世纪60年代，共产党的干部每当选举时便马不停蹄地奔走于郊外的住宅小区。我出生于1962年，一直住在云雀丘住宅小区。我的父母说，那时我能牢牢记住的人名就是“野坂参三（注3）”。无论谁来到我家我都说“野坂参三来了”。可见每当选举时在住宅小区内的宣传车是如何反复呼叫野坂参三的名字了吧。

公共住宅的转折点

原：我认为公团在初期就考虑到要避免星星户型和带阳台的两层楼公寓那样所谓的统一性。在国会会议的提问中也有激烈的反对意见，说混凝土住宅夺去大和民族之魂。但公团却对此全然不顾地引进了。

盖子一揭开，住宅小区人气鼎沸，公团信心十足。1963年全国统一标准设计型号“63型”出台后，建造了大量统一的平面型的中低层住宅楼。因此从1963年开始一直到1972年底之前建造的住宅小区，全都很相似。其中最典型的例子就是我居住过的泷山住宅小区，一共有3180户，所有的楼房都是5层高的平面型的，分辨不出来哪里有什么不同。这时是对苏维埃的住宅小区最有亲和力的时代，1973年以后景色改变，各地散布着像多摩新城那样的、各种式样的住宅小区。于是，在我的脑海里感觉到这已经不是住宅小区了，应该说是“新城”。

隈：20世纪70年代，民营的高级公寓也出现了，和公团展开了较量。民营的开发商开始建造了各种装修豪华、设备齐全的公共住宅，因此吸引来了客人。

泷山住宅小区

尽管如此，为了能够继续生存，公团必须继续建造公共住宅，他们开发了多摩新城。虽说是新城，但只是聚集了一些小区而已。公共主体丧失了当初设立时的目的，充分显露出它走过来的20世纪末的悲剧式宿命。

我自己也参与过由现在的UR（都市再生机构。日本住宅公团于1981年改为住宅·都市整备公团，2004年改为UR）开发的东云（东京都江东区）公共住宅的一部分设计工作。公团把原来仓库的一块空地转为住宅用地，这是公团曾一直负责的一项生活方式先导型的、强有力的企划。公团以前一直禁止把工作场所设在住宅里，可是，东云把上面楼层作为小学生补习班和商店的SOHO型出租住宅，一时间引起了热论。面向过道建造了镶玻璃的房间，使以前住宅小区的“封闭住户”的形象为之一新。但是，民营也马上跟进，所以东云型的住宅只打了一炮就收场了。21世纪公共主体能够建造什么样的城市呢？同时看到了其可能性和局限性。

原：可以说，公团的住宅小区初期始终是以出租为主，大型住宅小区全部出租。

设计了一室一厨兼餐厅、两室一厨兼餐厅、三室一厨兼餐厅。设想的流程是，新婚夫妇住一室一厨兼餐厅，如果生了一个孩子换成两室一厨兼餐厅，如果再生了孩子，就换成三室一厨兼餐厅，或者换成独幢楼房。

实际上即使生了孩子，很多人还是一直住在两室一厨兼餐厅的户型里。不破哲三也一直在云雀丘住宅小区住了 9 年。不破先生当时的感觉是，即使生了孩子，和以前居住过的在西荻的木制出租公寓比起来，两室一厨兼餐厅看起来宽敞多了。到了 20 世纪 60 年代后期，出现了以出售为主的住宅小区。泷山住宅小区里，一共 3180 户，其中出售的有 2120 户，出租的有 1060 户，出售的房子比较多。以出售为主的住宅小区，感觉上可以说把住宅小区当成了独幢楼房，至少在那个时候打算一直住在住宅小区里才买的。住房难这个问题怎么也不能解决。连续 30 回抽不到号的人比比皆是，但住宅小区的人气度依然不衰，不难想象这让公团大力致力于出售住宅的建设。在这个时期，日本人不但没有觉得住宅小区不是他们本来的住所，而且也感觉不到住宅小区是他们在能买到独幢楼房之前的临时住所。

隈：说起来 20 世纪初期欧洲的公共住宅就是租赁的。对公共住宅的完整定义是，它基本上不是脱离城市的投资商品，而是自始至终都与投资和资产积累没有关系的一种城市设施，是一种为适应生活的变化而迁移到其他地方的居住方式的表现。

如果脱离这个定义，就打开了“住宅私有”这个潘多拉魔盒，这就是以后围绕公共住宅产生诸多问题的根源所在。公团自身为了经济利益，采取了能尽快回笼资金的出售住宅的便捷途径。正如恩格斯预言的那样：“住宅私有把人

阿姆斯特丹郊外的公共住宅小区（Arcaid Images 提供）

们变得不如奴隶。”通过住宅私有获得的安心感只是一个虚构。

欧洲的公共住宅也是从20世纪后半期转向了私有。在荷兰，以MVRDW（注4）为首的年轻的建筑师们亲手设计的重视式样公营住宅的热潮，也成为房屋租赁向私有转变的契机。私有体系的导入，使资金投入到建筑上，实现了其独特的设计。从租赁到私有的转变，一时促进了经济的活力，可是这个就像是潘多拉魔盒一样只能打开一次，之后只是放气。

原：在东急田园都市线沿线，为了建造全部出售的并且规模不大的住宅小区，东急公司把自己车站前和车站附近的土地转让给了公团和神奈川住宅供给公社。这是一个非常具有战略性的想法。独幢楼房为主体的住宅区，到被开发成型为止，需要很长时间。因此，首先建造符合东急独幢楼房住宅的最低限度的住宅小区，以确保稳定的客源为宗旨。多摩广场住宅小区和青叶台住宅小区都是这样的，都是三室一厨兼餐厅和三室一厅一厨兼餐厅，以及 20 世纪 60 年代后期建造起来的住宅小区，都是宽敞的房间布局并全户型出售的，称作为高级公寓。

相反，泷山住宅小区现在很冷清，65 岁以上的超过了 40%。居民高龄化严重，令这里的房价下滑不止。我于 1975 年从泷山住宅小区搬到了青叶台住宅小区，现在泷山住宅小区的价格比当时搬家时出售的价格下降了不少。而青叶台小区的房价却涨了一倍。

东急沿线的住宅小区也有 40 年以上的房龄了，若在其他住宅小区都到了开始改建的阶段了。不过，把现有的住宅只要稍加装修一下，其人气度仍然不减，几乎没有空房子。最近年轻夫妇还有家有小孩子的住户在增多，公园里回响着孩子们玩耍的笑声。在其他的住宅小区难以想象。由于青叶台住宅小区在郊外，以独幢楼房为主，所以这里的房价一直不降。

隈：现在世界上出售型公共住宅小区，几乎没有其资产价值在继续增值的。尽管如此，房产私有这个虚构的欲望一旦开足了马力，和想方设法让经济转动起来，这两者有着根本的矛盾。实际上，巨大的混凝土垃圾不断残留在城市中心。必须接受如此世界的子孙后代会如何呢？现在连中国的经济增长也不是依靠工业生产，而是依靠住宅泡沫。

原：是的。2010 年 5 月，我去了上海，地铁一直延伸到郊外，乘坐上崭新的地铁逐渐跑到了地面上。当时展现在眼前的都是无人居住的高级的、连芦屋市和田园调布都为之逊色的独幢楼房住宅区。那是作为别墅来销售的，好像是富豪们把它作为投资来购买的商品。

隈：在中国，因为从一开始就不允许自己购买土地盖房子，所以开发商们买来整块大面积土地开发房地产，以建造被称为别墅的住宅楼群的形式建造独幢楼房来出售。我感到他们要对我说："前些时候建造的是英式风格的，隈先生，这次请给我们设计日式风格的楼房用来出售。"开发商们捏造虚无的住宅私有化，只是想脱贫求现，对长期的城市形象和地区社会的发展毫不关心。

甚至连共产主义国家也是如此。和日本一样，中国社会的弊病也全部都体现在房地产上。

原：但是，在日本，允许土地私有，东急沿线上位于郊外的独幢楼房与西武沿线上位于郊外的住宅小区，两者之间不是形成鲜明的对照吗？住宅小区是在高速发展时期为解决住房难而建造的过渡性的住宅，最后如何定位呢？我认为，这个住房问题已经将高速发展时期的居民意识定位在更深层次里了。在日本，研究关于空间和思想之间关系的学者还不是很多，但是感觉建筑学和政治学的触点比比皆是。

注 1 西山卯三（1911—1994）建筑学者，城市规划师。出生于大阪。倡导卧室和餐厅分离的建筑风格。著有《今后的住所》（相模书房）等。
注 2 不破哲三（原名上田建二郎）（1930 —）政治家。出生于东京都。1947 年加入日本共产党。东京大学毕业。在 1969 年的总选举中初次获胜。1970 年，晋升为新设的党书记局长。著有《不破哲三 时代的证言》（中央公论新社）等。其胞兄是上田耕一郎。
注 3 野坂参三（1892—1993）政治家。出生于山口县。于 1922 年加入创立的共产党。于 1931 年秘密出国，作为共产国际的日本代表在苏联从事活动。于 1940 年和周恩来一起离开莫斯科前往延安，在延安展开反战活动。回到日本以后在战后的首次总选举中获胜。于 1958 年被选为党主席。著有《风雪进程》（新日本出版社）等。
注 4 MVRDV ／荷兰的建筑师团体。成立于 1991 年。主要的作品有汉诺威博览会荷兰馆、松台雪国农耕文化村中心等。

第四章 | 维系城市与建筑的肌理

佐佐木正人

信息就在光里

隈：我最初接触到“功能可见性”这个概念是在 20 世纪 90 年代后期开始设计广重美术馆的时候。在我们身边的所有东西的表面墙壁、地板以及人的皮肤等都是由粒子构成的，这些表面都有其各自的“肌理”，我受这种观点的影响，想将其作为我建筑设计的支柱。

佐佐木：吉布森（注 1）若听到会很高兴的吧（笑）。吉布森把给予动物某种行为可能性的环境性质用“功能可见性”这个词语来表现。譬如说，解渴、去污、冷却、融化、漂浮在上面的东西在移动等，都是水的功能可见性。功能可见性被误解为行为的原因，其实反倒是行为的结果。如果不仔细注视行为最终动向的话，就不知道行为的结果。在我们周围有许多功能可见性潜在的地方存在着动物，有什么东西被发现、被使用。那里就是观察的妙趣之处。

吉布森作为心理学家在环境中发现了价值。他在太平洋战争中隶属于空军飞行训练指挥司令部，在从事知觉研究工程中首先发现了肌理。他调查过飞行中的飞行员是怎么看到“纵深”的。在一个黑暗的实验室里，用一个微小的光源，测试飞行员用眼睛测量到光源距离的能力。测试结果表明，这与飞行员在驾驶飞机现场的视觉能力几乎没有密切关联。总而言之，在心理学实验室里测试的“立体视觉能力”，与飞行中的飞行员目测到敌机距离的能力，还有判断自己的飞机飞行时的角度的能力，没有任何关系。

转机是他发现了“地面”。走出实验室的吉布森，突然意识到世界上有地面呀。而且也包括地面在内，周围所有的物质表面都有其独特的肌理。正如限先生所说，仔细观察物质周围的表面，就可以看到一个个小颗粒整齐地排列在一起。我开始思考从肌理的变化率和流动模式到物体的距离、地面的倾斜角度，换言之，我能感觉到这不就是以前一直被称为的纵深吗?

在那之前，一般认为人们三维空间的认知是通过大脑解释二维空间视网膜图像形成的。环境中只有微弱的刺激，之后就要看观察者的构成能力了。但是，吉布森在20世纪50年代时曾经指出，实际上动物不是通过“空间”拥有视觉的，因为它们在有肌理的地面上到处活动，所以要从“表面”来捕捉视觉。

佐佐木正人
生态心理学者。1952年出生。东京大学院教育学研究科教授。著有《版面设计法则》（春秋社）、《功能可见性入门》（讲谈社学术文库）、《设计生态学》等多部著作。

进入20世纪60年代以后，吉布森提出了有名的研究视觉的生态光学理论。在此之前他一直认为，从光源直接射进眼睛里的反射光产生视觉。但是，光源发出的光进入眼睛之前，超高速移动碰撞到地面、地板、天棚、墙壁等周围物体的表面上，然后被这些物体的表面上的颗粒漫反射。这种漫反射无止境地反复，光线就填充在空气（介质）里。结果，在空气中，这些光线以360度从四面八方相互交叉起来。吉布森把此光命名为“包围光”。从光源发出的放射光只是单纯的刺激，包围光成为“信息”。包围光被周围的表面布局投影成像。吉布森有句名言：“Information is in the light（信息就在光里）。”将包围光作为视觉的依据之观点将要彻底改变数千年来的传统视觉论。

视觉的依据在光一侧，如此设想是很有意思的。像乌贼和人类的眼睛那样，不管拥有成像镜头的凹型单眼，还是昆虫类小小的筒状采光口排列集合而成的复眼，为了观察周围，在探查包围光构造这点上是相同的。有研究证实，蜜蜂和候鸟把通过包围光的“纹理”量作为距离（移动量）的信息。任何动物的眼睛都是在光肌理的流动中来观察周围环境与自己的移动。眼睛不是刺激的入口，而是探测光的构造的装置。

隈：那么说，只靠“影像”，人类是无法体验到空间的吧？

佐佐木：影像是人类在画面和显示器上做出来的。影像外围有轮廓。譬如说，在画某人的面部素描的时候，一般情况下，都是从轮廓开始画起，实际的面部是没有轮廓的。面部是拥有皮肤特点的肌理的、微小的表面集合体。现在我转过头去就会发生如此变化，隈先生正在看着我的“正面”脸上的微小平面的集

包围光

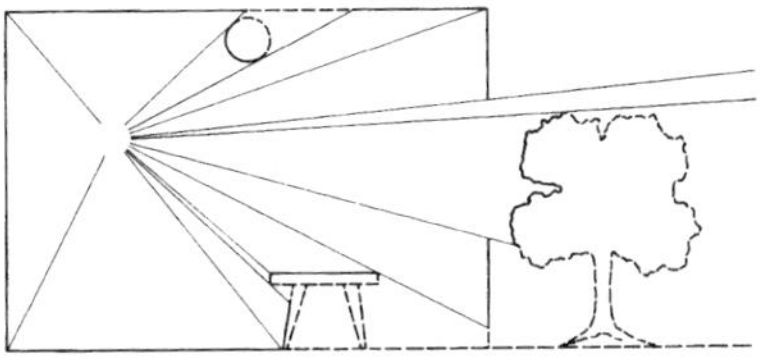

在"包围光"周围表面的配置投影成 360 度（佐佐木正人著，出自春秋社《版面设计法则》第 20 页）

合体，被一直挡在后面的构成侧面的小平面群遮住了。构成脸面的微小平面互相遮住，人们就感觉到整个头部形状。

这个表面之间的互相遮掩作为光肌理的更换，投影在包围光里。我在讲堂上经常对学生们开玩笑说，请想象一下以前酒吧里的镜球。耀眼的光的集合体，到处不停地闪烁。那就成了“脸在转动”的视觉信息。这个光肌理置换的边缘就是视觉的所有依据。那里是遮掩的边缘，不是轮廓线。

影像起源于用棍子在墙上画出的轨迹而产生的文化产物。实际上在视网膜上映出的是光颗粒的流动。隈先生在书中写道：“通过在热海的日向公馆旁边的‘水／玻璃’工程，‘想建造粒子那样的建筑’。”视觉确实是由包围光的颗粒产生的。

隈：现代主义建筑的初期阶段，认为设计决定轮廓，柯布西耶的建筑也是以纯粹几何学为基础的，也就是说以轮廓主义为基础的。轮廓的组合即设计的认知也被继承到现今的建筑理论里。不过，在城市建设中，建筑轮廓几乎被包括斜线限制在内的法律所定，所以，说实话在其限制中，想建造比较经济的建筑时，建筑的轮廓已自动形成。此后留给建筑师的工作仅仅是在给你的轮廓上开扇窗户或贴上什么材料吧。

当我为这种差距苦恼、为能使用什么材料苦恼时，我读了吉布森和佐佐木先生的书，之后认识到，如将“颗粒”用漂亮的形状来设计，那轮廓对人的体验几乎没有影响，所以大可不必在那里苦斗一番了。对光的认识也可这样认为，现代主义建筑如同伦勃朗的绘画一样，光从某个方向射来，在这里形成影子。柯布西耶也是将此为前提的。不过老实说，那种光极为特殊，吉布森在书中也告诉我说，光与颗粒有密切关系。

用我的设计来说，百叶窗就是意识到颗粒后设计出来的。颗粒通过光呈现出完全不同的形态，所以根据颗粒的大小和所处的方向，光便与其融为一体。

水／玻璃（藤塚光政 摄影）

在很多情况下，照明是在轮廓和材料设计完成后最后确定的。我与此相反，把顺序颠倒过来，以想要什么样的光、什么样的肌理为起点，开始进行整体设计。

佐佐木：地球在进化过程中，在动物出现之前，光肌理就已经充满显现在周围表面的布局里。夸张地说，光的信息率先到了所有地方。

隈：人类用现代的观点将眼睛看到的东西还原成轮廓，说起来这不是丧失了生物所具有的光感吗？当我们再次敞开胸怀去认识根源之光，就会看到人类建造的建筑和城市有所不同，也会看到更加美好的世界。

移动的人在看什么？

佐佐木：我花了很长时间做实地调查，和没有光感的重度视觉障碍的残疾人一起走，多次问道他们，“你能听见周围什么样的声音”，对十几个有视觉障碍的残疾人进行了采访。他们都是具有独自行走能力的人。由此我了解到，他们在黑暗中行走在大街上时，移动方向的侧面，就是身旁的街道排列起到了决定性的作用。特别是，通过墙壁或房子来到开阔的地方，总之，在路口如果听不到声音的变化，也就不能移动。因此，人失明后，要在“开阔”处反复练习止步。导盲犬、训练中的犬都对街道两侧的房屋排列非常敏感，它们对相隔 10 米宽的道路对面人行道两侧房屋的“开阔”处，最初的反应就是停止不前。

视觉行走者很多时候不太注意自己旁边的事物。不过，房屋的排列、墙壁的材料、地面的高低变化、旁边发出的回音、微风的风向以及透过空隙窥视到的景色等，实际上我们应该让身体去适应各种感觉重叠在一起的情况。现在我们身在何处呢？这种意识是我们周边的环境所控制的。

隈：在拍摄的广重美术馆的影像里，我最喜欢的是一直贴近百叶窗拍摄的画面。看到这个影像，就感觉好像真的置身于那个空间。而在行走方向的正前方拍摄影像，那种想要捕捉空间的想法很难理解。欧洲建筑基本上是轴线主义构造，在自己行走的轴线前方，设置一个值得纪念的雕像，然后向其前进。

佐佐木：让人看到移动的终点。

隈：那个大体是希腊罗马以来的古典主义建筑手法，日本的建筑手法非常注重移动旁边的某个侧面和转弯处的设计。在某种意义上可以说，日本人的感觉更接近生物的原始性。

佐佐木：总之，无论是纵向还是横向，动物在移动的时候，总是看周围的条纹。在自然的肌理中，条纹反复变化，动物看到循环变化的条纹时，就知道来到远方了。这种条纹的排列无论哪种动物都在它们的视觉意识中心里面。

隈：日本式的设计和对地点的认知方法有什么关系吗？

佐佐木：设计我不太懂。不过，我认为现在在这个位置，或在整体的某处，这两种感觉的重合就是地点意识的本质。令人惊叹的是桂离宫。在那里，每走一步，景色就会突然完全改变。我才知道还有这样的设计，让人们移动的视觉享受如此浓厚、多重的景色。随意漫步一下，便会出现迥然不同的景色。走着走着似乎有一种要飞起来的感觉。走过的路上有许多视觉上的分歧。

隈：在桂离宫，庭院的肌理，能给以人们多种指示。譬如说，分别使用称之为“真·行·草”的铺路石，会让人们清楚地知道进入不同的区域，而且，以此扩展开来，连木地板的铺设方法、榻榻米的配置都考虑到了。通过一条连贯的地面设计，形成了日本的空间轮廓。总之，在设计地面上，建筑师和园艺师的区别在这里已经没有意义了。我觉得日本的设计基础与吉布森的理念是相通的，具有一种未来性，这种未来性超越了重视 20 世纪图像和轮廓的视觉理论。

佐佐木：首先，从远处观看整体建筑。然后，随着离建筑越走越近，便可看到不同层次的肌理，这些肌理无间隔地连接在一起，并随着连接而移动。其实自然的景色全部如此。从远处可以看到山和森林，慢慢地接近后，可以看到树、树干、树枝，再走近点就可以看到叶片和叶脉了。通过接近、后退，或者迂回，可以看到各种各样的肌理，这些肌理用“自然的设计”连接在一起。吉布森将其称为“套盒”，移动和视觉流动浑然一体。这个流动是可以逆转的，所以能够再回到原来的地方。

日常生活中发生的事情之间的关联性亦是如此。早上起床、吃早饭、出家门、乘地铁、步行到这里、和隈先生交谈等，如果去追溯这些，无论是过去，还是未来，抑或是哪里将要发生什么事情都是无法区分的。吃饭时，虽然我们依次将菜放入口中，但那也是无意识地享受套盒流程，吃了满意的一顿饭。所有的动作也

上左：桂离宫“真”的铺路石
上右：“行”的铺路石
下：“草”的铺路石
（石元泰博 摄影，出自岩波书店《桂离宫 空间和形状》）

都是相同的。说、听、看、呼吸、保持姿势——无论哪个动作都是非常流畅地相互连接的。

隈：那个套盒的构造，不仅在建筑材料细节部分里，而且在城市中也已经消失了。巴黎是典型地用 20 世纪以前的城市计划思想建造的城市，所以文化设施、工作场所、咖啡店、广场等各种各样的建筑物都是按照“套盒”的概念建造的。不过，20 世纪美国的都市都是以用途地域制（分区规划）为基本建造起来的，高度密集的商业区域和冷清的住宅小区都是完全分开的。这样的话，对生物来说是不舒适的居住环境。20 世纪初大力倡导的“有机建筑”也是以特定的功能应对现代体感，换言之，协调器官是以这种幼稚的功能主义为本来分配房间的，所以现在看起来非常不协调。客厅和餐厅就是器官。日本的建筑没有体现出明确的功能，只是一个榻榻米房间而已，既可以在此用餐，又可以在此举行葬礼，能够应对一切。

佐佐木：日本的室内装饰，不是按事前设计好的方案，而是逐渐将房间按人体需要去设计。人们的起居生活无拘无束，不受限制。总之房间狭窄，所以才需要有选择的灵活性，这里面充满了“矛盾”。

环境带来变化

隈：我也对佐佐木先生介绍的关于达尔文对蚯蚓的观察产生了浓厚的兴趣。蚯蚓要堵上自己挖的洞穴的入口时，无论什么形状的叶子，蚯蚓总是想方设法把

独角仙的翻身（扇子的边）

叶子拖到洞穴里。达 · 芬奇曾经说过，“我们不得不说蚯蚓具有智能”。

佐佐木：晚年的达 · 芬奇把自己和儿子一起做的观察笔记整理之后出了一本书——《蚯蚓和土壤》(平凡社文库)。我自己打算继续进行达·芬奇对蚯蚓的观察，把独角仙翻过来放在地板上，观察了好一阵独角仙是如何翻身的。我在这只虫子的旁边摆放了团扇、方便筷那样的小木棒、紫苏叶和细绳等东西，于是得知，虫子为了翻过身来，需要借助什么物体。这里“可供翻身的物体”有三种。独角仙用后肢钩住地板与物体的边，抬起全身。抱住叶子或细绳，横向晃弯曲的后背站起。从下面抱紧小木棒，快速移动，在小木棒顶端转动肩膀反转过来。

物体的性质和虫子的旋转方式出现了三组。重要的是，在寻找可供翻身的物体时，行为发生了变化。也就是说，可供性为行为提供了变化。为了完成某个动作，环境必不可少。其环境为行为带来灵活性。

隈：如何追求这种灵活性和多样性，我认为这是今后建筑业的一个课题。20 世纪初，有个叫密斯凡德罗（注 2）的德国建筑师提出了多用途空间、即可以灵活地适应各种生活方式空间的建筑方案。他实际亲手设计的是像现在的办公大楼那样的建筑，在规定使用玻璃幕墙的框架里，他设法进行多种划分，自由进行空间组合。据说这是从日本建筑中获得的构思。在意识到容许生活多样化的世界大同主义这一点上，是一次珍贵的尝试，但受到死板的框架和 20 世纪洁净主义的束缚，他所做成的不是多用途空间建筑，而是被排除掉生活情趣的、死板的空间。譬如他设计的纽约西格拉姆大厦的照明设置就是一层楼一个开关。密斯凡德罗断言说，要么全亮，要么全灭，否则不美。我则持完全相反的看法，我觉得灵活性是从稍稍无序之中，从轮廓朦胧、无法清理的事物中产生的。

佐佐木：临床心理学领域有名的催眠大师弥尔顿艾瑞克森建议：如果是关系冷漠的夫妻，可以试着互换一下睡觉的位置；父亲去世悲痛不已的家人请在餐桌一端摆放上父亲的小照片。只稍稍改变一下物品的布置，似乎就能改变那种你认为无法摆脱的意识。这大概是周围物品的摆设成为我们已经习惯化的意识基础。

隈：这么说来，小时候，为了变换摆设的位置，家里经常召开家庭会议。从前的日本房子，沙发可摆放在任何地方，到处都可以做卧室，家人们凑在一起商量的时候，最有主意的是年过八旬的老奶奶了，就像变魔术一样，把家具布置完美地画出来，解决一切问题。但在日常生活中老奶奶不是什么主角（笑），但在改变房间布置时最能发挥领导才能了。

对能“分开”的物品的亲近感

佐佐木：吉布森大胆地说过，物品虽有很多，但可分为两种：“attached object”和“detached object”。可译为附加物和分离物。附加物是深深地扎根于地面，经得起海啸冲击的树木、门、门把手等等；分离物是这之外的、人可以搬运的东西。后者能够从地面和地板上分开。我在写《活动中的婴儿事典》（《从可供物体的视点来考察婴幼儿的成长》附录 DVD、小学馆刊馆刊）时，通过观察从 0 岁到 1 岁的婴儿，明白了此二分法的意思。婴儿出生 20 周后，开始用手够东西。婴儿用手够的东西大概是分离物。开始蹒跚学步的小宝宝，大多数手里总是拿点什么东西，并且是两只手。走路的动机似乎是把这里的东西搬到那里，改变东西的布局。

隈：发现分离物的能力，是婴儿生来就具备的吗？

佐佐木：是的。促使伸手够东西的行为是物品具有能从地板脱开的性质。像附加物那样很重拿不动的物品一开始就不会去拿。

隈：想想看，我在做设计的时候，想尽量使各种物品具有分离物的感觉。在顶端的物品，例如把板子的顶端削薄，即使很重的物品，看上去像是分离物。关于强度，要改变整体重量比较难，但仅仅把顶端削薄，它就会变成我们熟悉的优美的东西。根津美术馆的外墙也好，屋顶也好，顶端都是将铁板切边弄薄使用的。

铁板通常做成饭盒形状的四方形比较容易加工，而且防水也简单。不过，在根津美术馆，不仅外墙，就连建筑物内部也丝毫没有采用饭盒形状的方式。木板也特意做了薄处理。也有一种观点认为，让人感觉到有硬度和厚度才上档次，但我把顶端做薄处理，达到重视分离物的目的。

佐佐木：感觉就是把分离物倏地一下拿过去安放在那里啊。并且做进一步改善，使其不粘着在一起。

隈：使其分开，不粘着在一起，并在那里造一个重影。两块铁板中间的缝隙也很重要，如果缝隙过小，看上去就是一个硬面，每一个元素都不独立，不分散。这种分散感要求缝隙的宽度不是绝对值，而是由每块面板的大小与缝隙尺寸的

西格拉姆大厦（《建筑 20 世纪 PART2》新建筑社出版）

平衡关系来决定的，所以这个比率最费脑筋。

佐佐木：在隈先生的建筑里每层铁板之间的界限我搞不太懂。换言之，这里是开始，这里是结束啦，没有那种了不起的感觉。即使像广重美术馆规模那么大的建筑，也毫无沉闷的感觉。

隈：最初并没有考虑分离物这个概念，在追求每个部分都要有空间的舒适和通透感时，便自然形成了。这种分散感与棚屋住宅也是相通的。我去过亚洲一些国家的棚屋住宅，老实说让我感到怀恋和欣慰的或许是因为城市是作为分离物的集合体而形成的。

佐佐木：棚屋没有牢牢地固定在地面上吧。强风一吹也许就被吹跑了。

隈：实际上日式建筑的基本构造就具有棚屋的细节部分。将这种棚屋风格应用到收藏高级美术作品的美术馆中既有一种意外性，也具有一种玩心。

佐佐木：枥木县的宝积寺车站的天花板，简直就像蜂窝一样，用木头拼成复杂的格子状。登上台阶就有一种突起排列的天花板伸出手来要把人拽上去的感觉。我想在这里乘车上下班的人，一辈子都不会忘记这样的感觉吧。

隈：天花板通常都是钉上纤维板把里面遮挡住。因为若是开个孔就会出现虫子啦、密封性等各种问题。不过，车站东口仓库（储藏广场）的石墙，试用了菱

上：根津美术馆（藤塚光政 摄影）
下：宝积寺车站天花板（阿野太一 摄影）

形纹理，给人的感觉非常好，所以车站的天花板也在相同花纹上开了孔。在没有纹理的地方行走令人窒息。

佐佐木：回音也大不相同吧。

隈：不一样的。也包括声音和视觉。对于纹理，生物是有反应的。

生活如流

佐佐木：自己身体的移动速度和到目标物体的距离都是通过肌理的流动来感觉的。无此信息的世界是光亮不断消失、黑暗临近构造消失的世界，像在浓雾中一样。自己是否在晃动？是否在行走？连姿势都搞不清楚。此时有些光亮进来，肌理刚一隐约浮现出，便可看清自己的动作了。在大街上，这种模糊不清的地方，稍许清楚的地方和十分清楚的地方，浓淡的肌理连成一片。信息有浓度差。大脑不是在分析判断，而是和信息同步的。

隈：我认为设计的根本是对颗粒的感受。如果不重回到动物所具有的某种基本的感觉上，就不能够为人类规划城市。在头脑里思考的城市规划归根结底是由一种使用分段或中轴线式的幼稚的人工原理产生出来的。这种与真实的动物在地面上行走时的真实感觉相距甚远的街区正不断出现。

我在决定格子尺寸时总是观察周围情况后再定。周围建筑物的颗粒的粗细和标准尺寸会因地点不同而迥异。简而言之，周围如是粗糙之处，格子设计过细就显得很单薄，所以我就把颗粒稍稍加大。在精巧细腻的自然中，即使很小也能感到颗粒的存在。因此，坐落于树林旁边的广重美术馆我采用了小颗粒。

总之，周围建筑物的颗粒的粗细，自己不去看是绝对不知道的。经常有海外的新项目开工时，对方寄来现场的照片说请开始设计吧。仅凭照片我无法掌握最重要的、周围环境颗粒大小的最基本的信息，所以无法开始动手设计。

佐佐木：大街上也有一种存在胜过流动细腻的肌理。这种情况不去现场则无法把握住。例如对行走在新宿车站附近的盲人来说，穿越大街行驶的 JR 列车（译者注：1936 年 2 月 26 日发生于日本帝国的一次失败政变，也是 1930 年日本法西斯主义发展的重要事件）的声音是决定性的，盲人从列车声音的距离感来确认自己的位置。拿涩谷来说，整个街区是碗状地形。听说在冬季的网走盲人经常迷路。海面上漂浮着流冰，听不到海浪声，所以就会失去方向感。大概由于河流和海浪声、山的形状及从那里刮下来的风，还有地面的倾斜等大范围地将地方特有的建筑物和树木排列的肌理流动信息隐藏起来，变成整个街区的感觉。

隈：在城市里有山和海这种自然因素和铁路、公路那样比较新的因素。之所以考虑要将这些所有因素作为围绕我们人类的前提条件来思考城市规划，是因为以前的那种人工对自然的观点已经不适用了。

佐佐木：地形和气象条件，还有电车线路延伸行驶等，把各种不同层次的东西维系在一起的是习惯、是生活。我认为，如果能从周围诸多的事务中发现“地点启示”的话，那就会萌生许多建筑上的好主意。建筑与周围环境维系在一起，就是街区的乐趣。

隈：设计师不是把建筑作为一个单体来考虑，而是把它作为与生活紧密相关的一个片段来把握，所以要必须磨炼如何将建筑与城市的肌理维系在一起的本能。

注 1　詹姆斯·杰罗姆·吉布森／Janes Jerome Gibson（1904—1979）美国的心理学者。著有《视觉世界里的知觉》（新曜社）、《生态学的知觉系统》（东京大学出版会）等。

注 2　密斯·凡·德罗／Ludwig Mies van der Rohe（1886—1969）德国建筑师。以大量使用铁和玻璃、简单透明的建筑风格而闻名。之后活跃在美国。主要作品有巴塞罗那博览会德国馆、范士沃斯住宅、柏林国立美术馆新画廊等。

第五章 | 城市规划的胜负（上）
——对城市的责任

蓑原敬

规划者的责任

蓑原：我读过隈先生的《负建筑》（岩波书店刊）一书，觉得很有意思。可是，有一点我所介意的是，这本书真的是在谈对什么胜、对什么负吗？书腰上的广告文强调说负如同胜，但实际上您所说的并非如此吧？首先想问问这个问题。

隈：契机就是我想与迄今为止一直被捧为大师的建筑师划清界限。上代老前辈里有丹下健三，之后有矶崎新和黑川纪章，这些明星建筑师们活跃在经济发展时期和工业化社会。建筑作为推动力被期待，建筑公司席卷了整个产业。建筑公司因财力物力关系处于一种强势地位，他们将建筑师吹捧得很高，所以，规划这一行为和担当规划的建筑师的存在被加大虚构，超出了现实。他们也利用这种虚构来展示自己“强大的存在”。

蓑原："负"的表现是以那个虚构为前提的吧？但是，我的职业感觉认为，建筑师、城市规划师首先必须要胜。对于顽固不化、墨守落伍规划的官僚，只用短期利害观点考虑交易的市民，文化程度低、头脑里只有利润的资本家，有必要保持一种战斗姿态。

隈：我们每天的战场就像与不同对手一对一下国际象棋似的对战。的确，如果不能获胜，规划师也无法生存。可是，我提出的问题是规划师最初对社会所处的位置。在大的社会关系里，建筑师或者规划行为本身，对于社会必须是一种奉献的卑微的存在。

"社会对建筑师"这一明确的角色分工已经不复存在。社会与市民情况极为错综复杂，像以20世纪美国市民运动为前提的单纯的"市民对设计师""市民对政治"那样的对立关系已经消失。可以说已经到了看不到游戏规则，不知谁在运作的状况。

蓑原：我能明白那种感觉。可是，坦率地说，市民一方、客户一方都有很多

蓑原敬
城市规划师。1933年出生。出版了《为了成熟都市的再生》《用地区主权开始的真正的都市计划·城市规划》（编著）（学艺出版社）、《都市计划——从基础开始的新的挑战》（学艺出版社）等。

可怕的家伙。对于无可奈何的事情，还是不得不要尽花招，采取一种必胜的姿态吧。

隈：规划者拥有绘图这样的专业知识，对市民可以说是一种高高在上的状态。我认为规划者要了解自己工作的重要性和责任感，自行降低优越感，应该用一种平等的关系与市民和客户来联合工作。

反过来说，20 世纪只有高人一等、傲慢的规划者和只会道歉的规划者。一种是承接或者放弃热门话题的成套建筑工程的有名规划者，另一种是为避免投诉完全听从客户意见、缺乏对整个地域的长期展望、明哲保身没有魄力的规划者。这两者存在着分化。

蓑原：如此一来，规划者过分谦恭的结果造成了广告代理店和建筑公司干涉实际设计，或者市民以民法纠纷的形式来控制规划，更有甚者，还有公共团体以 1919 年成立的市区建筑物法（建筑标准法的前身）为基础制定的法律制度为由，完全不考虑将来，将规划束之高阁的事态发生。

要说为何要胜，那是为了保护文化的品质。城市规划和建筑就是保障包含多样文化品质的东西。

隈：那不是“胜”，而是“责任感”，不是胜负的问题。

在日本建筑界，曾经不幸的是建筑公司所雇佣的设计师们最终失去了作为规划者的自负的姿态。实际上他们设计了有相当比例的日本城市硬件。那种没有自负的姿态作为一种文化渗透到日本。

蓑原：日本大多数的规划者都是被追求资本利润的动机，或者是被广告媒体的动机所操纵，最终导致不断的失败。其结果就是现在（指着窗外的大街）这副狼狈相。

我担心的是，尽管你没有说出真正意义上的“输了”，但是“输了”呈现于表面，不是给了市场原理主义者和有市民参加的原理主义者们武器了吗？

隈：不要只看标题，我希望要看书的内容（笑）。只有这样才能真正理解我的意思。

蓑原：我对现在这种不合理的体系想说“不”，因此在25年前我辞掉建设部的工作，没有依靠以前所属的组织的照顾，一直以民间的一名城市规划顾问干到现在。

总之，不能被行政和资金所控制。大家都拿钱，所以知道内幕的聪明的人都保持沉默。那原本是很不好的。在垂直社会体系的日本，知道内幕的人们如果沉默，对外界就会什么也不说的。

在我负责监督编译的《城市田园计划的展望》（学艺出版社刊）一书中，作者托马斯·西弗茨明确写到，对顾客提不出要求、对市民没有主张的规划者是很糟糕的，规划者和建筑师应该在本质上具有作为改革者的责任。连德国都是那样的。

但问题是，在日本若进行实质上的争论，广告媒体等就会被建筑公司拒之于门外。您深入参与的爱知万博就是一个明显的例子吧。

隈：如果想要把规划作为武器，提出方案，进行抗争就会被排除，我在参加万博总体规划的时候切身体会到了。简而言之，要是提交了图纸，肯定会被排除掉的。

蓑原：因此，必须要斗争。隈先生，我理解了您在书中所说的作为胜者的技巧要在负中取胜。

隈：痛定思痛使我得以改变。因此，书本身有双重意思。

如何思考可持续发展资本积累？

蓑原：如您所知，高速发展时期的基本理论是开发理论，其前提是我们的资产过于匮乏。首先用二三十年时间要大力扩大流通，把现有的库存解决掉。

但是，如此建造起来的建筑不能作为社会资产流通，也不能转让给下一代。即便是世代转换，也还是靠建筑公司来继续减少库存。大众资产丝毫得不到积累，城市景观也还是一副寒酸相。相对于美国，欧洲那么富有是因为注重几代的积累。可以说，可持续发展这一概念起源于欧洲也是必然的。

隈：关于这个问题，日本人有其特殊的原因。在日本因为火灾和地震等原因，木制建筑每隔二三十年就要重建，如果说建筑物“持久”“保存”的话，就会让人想起混凝土结构的箱子，就会产生拒绝反应。这就是我使用木头做可持续发展建筑的一个理由。或者只能把我看作是一个想把自己建造的东西长期保存下去的利己主义者。可持续发展被混同于利己主义了。

孟加拉国国会大厦（出自新建筑社《建筑 20 世纪 PART2》）

蓑原：建筑和可持续发展的关系是现代主义的一个根本的主题。例如东京都厅就是这样，丹下先生把自己设计的建筑物满不在乎地推倒，重新建造新的了。现代主义者经常从白纸做起。与此真正有关联的人们，在今后的数百年里如何生活下去，从最初就没有考虑。

与此相反，1962年，在美国听路易斯·卡恩谈话时发生的事情我还记忆犹新。他当时正好致力于孟加拉国达卡的国会大厦的设计工作，看到那个模型，我问他："要在孟加拉国这个最贫穷的国家建造如此宏伟壮观的建筑？"他听后对我发怒道："你在说什么呢，我考虑的是 1000 年以后的事情。"

隈：卡恩设计的建筑里有 20 世纪的美国人对时间的麻木和无知的批判。他真正意识到建筑物可以保存 1000 年的雄姿，建造像古代遗址那样宏伟的建筑，改变了建筑的设计理念。他像是对在迪士尼乐园的虚幻世界里、在时间快速流逝中从容生活的人们的批判。

蓑原：我们现在把超越时代、胡乱建造的建筑物作为建筑资产、文化资产来享受。在此种意义上，不受瞬间消费、新奇设计的影响，重要的是，在当代文化的前沿，如何综合考虑变化与普遍性的要素。

我认为今后在日本考虑积累资产的途径有两个。首先是再利用的观点。像隈先生在《自然的建筑》一书中所言，现在我们必须考虑到混凝土基本上是易坏的，早晚变成工业废弃物。这是重新认识、反复修补房屋细微之处、一直辛辛苦苦再利用木材和纸张的日本文化 DNA 的一个契机。

另一个是记忆继承问题，在努力实现现代化阶段，即使可以拖延，但在成熟阶段是不可避免的。只有在变化的速度和矢量在某种程度上稳定下来的地方，才能产生成熟的文化。包括日本在内的亚洲各国到了即将一起进入现代化的阶段。美国的精神也有类似的情况。

隈：在欧洲建筑设计比赛中，无论多么崭新的设计方案，如果没有“时间继承”这一侧面，是绝对不能获胜的。那段“时间”对社会来说是一个重要的主题，这是共识。日本的城市论虽把反对混凝土箱子和环境作为主题，但是很少有人指出反复拆旧造新这个现实问题。至今仍然是靠火灾和地震来不断更新的城市形象在头脑中挥之不去。

蓑原：图 1 是明治 19 年（1886）建筑学会成立时画的。明治 173 年，如果用公历换算这是 2040 年的东京，现在看起来是很肤浅的理想图。这幅图看上去好像前边是巴黎，黑烟滚滚的后面是利物浦、曼彻斯特。实际上，这幅图在实现之前，就制造了大和号战舰和零式战斗机，东京成了一片被烧的废墟。（图 2）是废墟论的原点。

图 3 是东京都市规划课于 1947 年制作的电影《二十年后的东京》里的一个画面。由石川荣耀创作的。虽然江户火灾防御能力很弱，但是从自然环境、卫生环境来看，是具有世界一流水准且拥有 100 万人口的城市，但是，日本人却要全盘否定过去的积累。

1960 年，从国道到田间地头的公路大概有 90 万公里，铺路率 2.7%，现在

图 1　明治 173 年的东京（出自末广铁肠《雪中梅》）

图 2　空袭下的新宿（出自岩波写真文库《战争和日本人》）

图 3 《二十年后的东京》（东京都城市整备局收藏）

超过 80%。世田谷区的街道没有铺柏油路的街区只有一条。那条“小路”，种满了花草，由市民来管理，但那里都有铺路的压力。必须都要铺上柏油路面这个想法，日本与美国的镀金时代一样，一直相信利益主义至上的价值观。不过，今后绝对会改变的。随着经济和社会的成熟，到了老龄化社会，化石燃料枯竭和全球范围气候变动的时代，像图中那种城市景观是不可能存在的。

应该参照的城市形象

蓑原：从 20 世纪 60 年代到 70 年代，包含美国在内的欧美社会，出现了一个重要的转折点。20 世纪 30 年代开始发生的现代改革、CIAM（现代建筑国际社会会议）的思想在 20 世纪 60 年代后期到 70 年代被超越，向存量积累型转变。将超高层住宅作为通用型使用的地方，在欧洲不是只有鹿特丹吗？现在中国和中东盛行建造超高层住宅，但是日本应该没有出现与其相同的阶段。

隈：欧洲马上察觉到建造了高层公寓就立刻有变成贫民窟的危险。譬如，英国经历过那种痛苦的经验教训，大致放弃了高层公寓的选择。日本对于高层公寓贫民窟化的危险性太无防备了。

蓑原：在 1957 年的柏林 INTERBAU（国际建筑展）上，汉莎地区采用了高层住宅模式，但是 1987 年的柏林 IBA 却提出了这样的转换：沿着传统的街区再次开发中层街区。其核心人物是德国的建筑师克鲁伊夫，他这样说过："……我提出的工作主题'批判性再构筑'，表明了探索传统和现代对话之路的意图。……要保证和支持每个要素（房子、街区，道路、广场等），尽量自由（自主的）发展的可能性，同时关注这些，归纳成能够体验的秩序。"（《IBA 柏林国际建筑展　城市居住宣言》，约瑟夫·保罗·克鲁伊夫《城市的批判性再建筑》）

隈：不幸的是，伯林 IBA 历史回归的历程被当时的美国金融资本解释成后现代主义的一种时尚风格。说起来，欧洲的现代主义是在对历史、时间的连续性的疑问中产生的批评式、文化式的运动。但是日本却接受了美国将其解释为物质主义的说法，转换成建房出售住宅的形式。美国与欧洲的现代主义必须要严格区分。

现代主义也好，作为批判现代主义而出现的 20 世纪 70 年代以后的复活城市时间继承性的文脉主义也好，都不是从欧洲直接传入，而是全部通过美国版本的翻译进入日本。对政治经济所有一切都可以这样说吧：关于美国存在的意义没有认真争论过的报应现在来了。日本无论是国土大小，还是历史长短都是欧洲式的，直接参照美国的话注定失败。

蓑原：的确如此。我们应该参照的不是美国。美国人口还在增加，从某种层面上说是发展中国家。我所期待的民主党政权不是美国模式，而是转向欧洲福祉国家模式，但好像并非如此吧。向欧洲寻求成熟社会模式，同时也拥有与欧洲不同文化基础的我们，经历了现代化这个过渡阶段，应该能够以独自的混合模式为目标发展下去。

围绕城市与建筑的法律进程

蓑原：实际上，日本的建筑标准法制，基本上是原原本本地继承了 1919 年成立的城市规划法和市区建筑物法的框架而成的。1935 年，来到日本的布鲁诺 · 陶特在书中写道："鉴于迄今为止自己专门从事的城市规划之经验，我可以断言日本还不存在城市规划（《什么是持续建筑》鹿儿岛出版会 SD 选书）。"实际上，欧洲国家认为的是常识的带有三维空间的建筑方面的城市规划，现在日本也没有只要把以低层木制建筑物为主的 1919 年的法律作为媒介，那布鲁诺 · 陶特所说的日本还不存在城市规划是理所当然的。

1950 年在制定建筑标准法时，正值战后经济复兴期的城市化进程中，为首先确保建筑技术与建筑生产的现代化和这些现代化的领头人政府机关建筑技术人员的工作，诸多的建筑技术标准优先得以法定化和普及。有关建筑标准法（决定建筑物与城市关系）的集团规定的内容，则要等到城市规划法修改后再制定。

其实在 1968 年制定的新城市规划法的起草阶段，就讨论过取消土地单位的建筑确认程序，导入英国模式的规划许可制度。这是一个正确的判断。建筑确认制度非常重视建筑标准中的事前研究，制度规定不能按照每个地区的空间秩序进行自由裁量。

在这种意义上，这是一个正确的判断。

隈：1968 年，有这样的动向真的很早呀。

蓑原：当时的建设部住宅局出于保护自己势力范围的意识，虽然反对规划许可的法制化，但改变了建筑标准法体系，分离开集体规定和单体规定，研究给集体规定导入许可制度。城市规划法的目的是“城市的健全发展和有秩序的整顿”。在适当的限制下，把考虑合理利用土地作为基本理念。如果以居民的同意为立足点，在土地利用方面，尽管想推进计划的执行，但建筑标准法规定了对生命、健康以及财产保护的最低标准，所以实质上的建筑整顿对提升城市空间完全不能做出贡献。

作为住宅局的股长我也参加了 1968 年的城市规划法的制定和 1970 年建筑标准法的修改工作。那时，将有关集体规定的法律作为市区建筑法与建筑标准法涉及的每个建筑物单体的法律分离开，市区建筑法准备将分区制（预先设定、限制在某地能够建造的建筑物的用途和高度等形式范围的法律制度）改换成富有活力的体系。但是，主导此方案的审议官级别的上司突然辞职了。传闻他涉及贪污事件，其真相我也不太清楚。

隈：原来如此，如果没有那种不幸的偶然，日本的城市是会变得与现在不同吗？

蓑原：当时，住宅局有两个系统。一个是旧内务部系统，负责城市规划和建筑行政史，全盘考虑日本的城市和建筑物状态的团体。另一个是旧财政部的管财部和采购局出来的、热心致力于公寓住宅和公团住宅建设、政府直接提供住房和住宅生产现代化的团体。关于大规模的住宅区和市区的再开发，内务部系统团体参与的很多，可是由于其系统领导和下属们下台了，结果导致几乎照搬了1950年的法律体系。

而且，以住宅短缺这个切实的现实为背景，不从整体上考虑城市住宅、进行开放式住宅小区的开发一举获得成功。另外，摆脱依赖以木匠大师为核心的木工技术体系的传统建筑生产也不可避免，开始了建筑生产的现代化。通商产业部的内田元亨也说要强硬提出住宅工业化路线的“住宅产业论”。这种只把建筑当作工业生产考虑的想法成为主流。其结果导致至今欠缺如何在城市的文脉中建造建筑物的构思。

隈：只是在1919年的旧法律中，加上了市场原理主义和20世纪风格的工业社会模式行政指导而已。

街区建设能否对应三维空间?

蓑原：但是，那样当然来不及，所以作为反命题，在革新自治体内发起了“街区建设”。其巨头是田村明（注3）。他批判地指出，当时建设部的城市开发欠缺综合性，没有文化性。并且，他还主张，不是城市规划，而是市民参与实践的“街区建设”才是处于首位的，城市规划应该是其中的一部分。其结果，运用法定城市规划里没有的城市规划战略和条例、协定、纲要等各种手段将现行的前现代性城市规划标准法制遮盖起来，并在全国普及。

于是，将要发生什么？自治体内如有强烈的规划意思就好了，但是多数情况下没有。而且，这是无法实现如何制造城市空间的意图的、可以说像是民法延伸化的建筑标准法，所以被导入了容积率制度，高层、超高层住宅一开始普及，社会上的矛盾就连续不断。再者，社会如果成熟化，那市民参加就会常态化，所以纠纷频发是理所当然的。

如此一来，民间资本想要进行新项目开发时，行政自身就要避开所承担的责任，表示出这样一种态度："请自己去交涉，取得周边的同意后就给你盖章。"这种纲要和协定制定了很多，所以现代法律体系与前现代的调整规则体系交错重叠，实在是不可思议的法律体系。一般市民无法判断究竟相信哪个标准、如何做是好。改变这种复杂的状况难道不是大原则吗？

不过，试想一下看，为何不是现代法律、不具备强制力的行政纲要如此庞大化呢？这些东西不是一直在我们的DNA中一脉相承吗？在江户时代，具有"法度"强制力的领域不大，居住环境的管理和社会福祉用"规章"即可对应，对此批判者会被孤立排挤掉吧。

隈：换言之，在二维街区，在以前不建三层以上建筑物的日本城市里，也还是实现了城市规划式的预定和谐。在当今使用混凝土便可无限制地加盖楼层的时代，仅用纲要来进行调整是绝对不可能的。

大家都认为田村明的"街区建设"是现代模式，但其实是前现代模式的调整规则吧。

蓑原：公私这一概念是非常日本化的概念，没有西方那种真正意义上的个人权利。我感到在汉娜·阿伦特和（赫伯特）马尔库等主张公共性学者的议论基础里有一种犹太式的想法：人们即使离散，个人也有享受民主的权利。在亚洲，这种思想是不能照搬通用的。这样的话，在我们中间究竟如何构建民主社会？尔后达成共识的规则将会如何？这些必将在具体的城市里、在福祉之处再次重新组合。

隈：要说关于公私，原本保证西方式的个人独立和尊严的小小的密室无法使用木结构建筑。犹太也好，欧洲也好，城市建筑基本上都是用砖石结构的石墙来明确划分区域的。所以，可从那里展开有关离散型公共空间的讨论。在日本被认为的现代化，其实是有了木结构高度制约之后成为可能并通过预定和谐的“本初与终极”的调整才得以实现的吧。

蓑原：另外一个，1970年建筑标准法修改时出现的问题是分区制概念。在分区制概念的前提中，有建筑形式。独幢楼房、两户楼房、联排楼房和公寓等建筑形式为社会共有，分区制概念是在将其分类编组的构思下产生的。但是，日本的传统建筑形式大致上说全都是木结构的街道房屋、农舍和宅邸。

隈：在欧洲，分区制意义的出现是在20世纪初，当时还是以砖石结构为基础的箱型建筑形式牢固地确定下来的时候。日本原本没有砖石结构，建筑也是以与“箱子”形式截然不同的“屋顶”形式建造的。所以，建造城市基本形式的操作系统也完全不一样。将分区制的应用理论软件用于日本的城市建设，从一开始就不会顺利。

市容与建筑技术的平衡

蓑原：第二次世界大战后，在钢铁和混凝土都比较匮乏的情况下，能够想到的建筑形式是在郊外建造住宅区。现在席卷日本的几乎所有的公寓都是这种郊外型的住宅区模式。20 世纪 70 年代，东京高级公寓还比较少，住宅区以外的建筑形式未曾被考虑过。尽管如此，在建筑技术上，建造超高层建筑是可能的，在眼前的市容与建筑技术飞速发展之间如何取得平衡？到了决胜之时。

但结果是，20 世纪 70 年代修改的建筑标准法只是承认了高层和超高层化不可避免，章程体系中的容积率、限制北侧建筑物高度和日照标准则与市容的形成毫无关系。

隈：在三维空间可以自由操作高度和形状的现代技术状况下，如果仅用日照标准来控制形态的话，那么城市就不能算作城市了。仅仅依靠日照标准和经济原理，建筑师几乎不得不放弃对城市应有的责任。实际上，日本的建筑师几乎都放弃了，他们对城市完全毫无朝气。

蓑原：正是如此。最终呢，譬如说，当建设新的住宅和商业设施时，按照大开发商的推销员和广告代理店说的那样考虑销路如何？能赚大钱吗？接下来，建筑公司出场了，它要考虑能钻法规制度的多大空子，能否追求技术上的经济性。尔后，运用社会学的调整技术来调整与周围邻居们的关系，为公司赚大钱。如此一来，从任何地方都体现不出以文化的态度来建设街区和住宅区的动机。只好假装做出一副不赚钱的样子。

注 1　路易斯康 / Lous sadore Kahn（1901—1974）美国的建筑师。出生于爱沙尼亚（当时俄罗斯的领土）。少儿时期移居费城。主要作品有耶鲁大学艺术图库、索尔克生物研究所、金贝尔美术馆等。

注 2　石川荣跃（1893—1955）城市规划师。出生于山形县。1920 年进入内务部，从事名古屋的城市规划工作。之后，历任东京都道路·城市规划课长，在此期间致力于首都圈的开发。1948 年、任东京都建设局局长。著书有《都市规划以及国土规划》等。

注 3　田村明（1926—2010）城市规划师。出生于东京。曾在交通运输部等任职过。1968 年，被飞鸟田一雄市长聘请到横滨市政府，作为技术管理者主管该市的城市行政工作。著书有《市容和景观》等。

城市规划的胜负（下）
——社区推动街区发展

蓑原敬

自上而下开始的改革

蓑原：我辞去政府机关的工作是25年前，当时不管我怎么说“需要改变”，即把街区改建成无用形式的机制，都引不起重视。但是，现在与地方自治团体的职员、市议会和搞城市景观运动的人们谈话时，他们的反应完全不同。因为我确实感到市区中心空洞化，城市散漫扩张严重，街区状况非常糟糕，生活不便。

隈：毫无疑问气氛的确变了。前面谈到的仅靠田村明流派的纲要主义是不可能对现有城市进行三维调整，这20多年来大家不都觉察到了吗？

作为21世纪型的调整理论，建筑师里几乎没有人提案说将来要发生什么。总之，建筑师里只有两种人。一种是极端的赢家，即头脑里只有经济高速发展型城市规划的人；另一种是极端的输家，即认定城市规划是自己职责外的给定条件，在其制约中只做好自己的建筑即可的自闭型之人。

蓑原：在 21 世纪城市规划理论中，第一原则就是地方主权。中央集权型的任何地方一视同仁的规则已经行不通了。大家都渴望有一个不同地域的判定规则构图。那时，居民为了主动营造城市氛围，他们如何树立基础空间的形象是最重要的。因为历史上我们未曾经历过多样性的建筑形式，所以分区制的基础、按建筑形式分门别类是非常困难的。因此，我认为现在应该以尽量不破坏某种环境为原则，在重建时确立能够充分自由地进行各种尝试的方向。

不过，那时若被按占地单位来放宽建筑物容积率这一经济至上主义的言论所怂恿的话，居住环境就会不断恶化。重要的是要重新考虑包括道路和公园等公共空间在内的地区整体的密度环境。或是在控制整体高度，降低容积率的基础上，再认可放宽地区的可行规划。另外，还应该控制将来维修和重建时必定会遇到麻烦的大型分割所有权的高级公寓的建设。

而且，现在必将是一个节省能源、尊重自然生态和少子老龄化的时代，所以必须打造一个人类以单位能够行走的空间，并用公共交通将其连接起来。

2009 年民主党进行了政权更替，老实说民主党的政策指数中写着，分离建筑标准法的集体规定，大力修改城市规划法。我觉得太好了。同时认为民主党内恐怕无人能将此制度化吧。我匆匆忙忙写书出版了《始于地域主权的真正的城市规划 · 街区建设》（学艺出版社）一书。

隈：实际上民主党有什么反应吗?

蓑原：完全没有。现在恐怕民主党内没有人会真正考虑城市和住宅方式。譬如，那也在民主党的城市发展战略中明确显示出，从一开始就未触及住宅问题。

但是，也许还是不要对中央政权和中央行政有太多期待为好。正如以前的革新自治体那样，地方自治体行动起来，“什么事情都干不了，我们自己来干”。因为中央现在在政治上、行政上腰腿软弱，所以以自治体为主导可以做许多事情。

隈：地方上可以不断自主地进行规划、制定规则。将这种混乱看作是机会需要很大的勇气吧。

蓑原：就连预算也不再是政府拨款的有附带条件的补助金，而是直接一笔付清了。按照地方分权包揽法规定，此种权限基本上已移交给自治体，所以中央已经没有能力下达指示了。我积极宣传说“这样做是个机会”，却被人说“乐观挺好的”。

隈：街区建设你乐观地去做最终能够实现1%。乐观而且享受其过程，即使没有结果也不气馁，不屈不挠，否则将一事无成。我在欧洲工作时，这种想法格外强烈。

搞建筑和城市建设，与食欲和性欲一样，是本能的行为，所以不要有任何罪恶感，乐乐大方、乐观努力即可。欧洲的城市规划就是这种落落大方的日常行为。

银座的团结力量保护街区

隈：请蓑原先生告诉我您参与规划的下北泽和银座的情况吧。这两处都是现代最好的案例研究。

蓑原：在思考有关公共性时，可以看出下北泽与银座有明显的不同，我认为这显示出考虑公共空间在今后的状态上的分歧点。

首先，银座在街区担当上的团结力非常强。缺少继承人是许多商业街存在的问题，但银座成功地进行了接班换代，教育 – 继承体系完善。街区的人们都希望银座环境和空间的革新要尽量继续下去。

这样的话，譬如，他们都想避免在街区中突然出现超高层建筑。换言之，街区利益高于用地单位利益，这已经形成了统一意见。松坂屋百货店再开发中，曾想建造 170 米高的综合设施。这是肩负着“城市再生”这一国家品牌的任务。我在接受当地人咨询时认为无论怎么考虑还是不建造为好，所以帮助了他们。银座的人们花费 3 年时间做出规定：不建造 56 米以上的高层建筑。

中央区与银座地区和谐相处，其规定在最终制定下来时达成共识，此后在银座成立“设计协议会”，组建事前审查的机制。在中央区的市区开发事业指导纲要中，认定银座设计协议会这一团体，指定要通过这个团体按照开发协议进入流程。通常有城市再生特别措施法、城市规划法和建筑标准法，纲要建议排在最末端。但在银座却是恰恰相反的，纲要最具有效力。

隈：歌舞伎剧场重建时，我去那个设计协议会做了说明。

蓑原：是啊。现在在银座建造 100 平方米以上的建筑物和一定程度大小的广告牌时，都要到协议会协商。接待人员是银座的人，我作为专家之一和庆应大学的小林博人一起给予指导，出出主意。如果地域社会能够产生自主机制的话，无视城市景观的规划，即便是出台了也完全能够应付。在这种规则之下银座发生了多种多样的问题，已经审查了超过400件的议案，最终只有与地域社会断绝关系的案例让人生气。

隈：银座的规则似乎是什么都要管，说好是独特，说坏是专断。不过，在居民的一致同意下，作为地方的一个规则，根越扎越深成为全国的样板。

蓑原：看起来很专断，但还未成为死板的确认方式。我们不是制定指导路线，而是出示实例——“这是迄今为止我们经历过的，请看一看”。如果有好的替代方案，我们每次都会协商。所以，虽说是规则，但实际上只不过是反复进行的“每次判断”罢了。中央区这一自治体坚决保护街区的担当者，用法定规划和规则最大限度地支持他们。

从银座的策略展现出来的今后的课题，在费用负担方面是一种新的官民合作的结构问题。这尽管是自治体与民间地方借用专家的力量进行的联手作业，但费用是由地方负担，因此，很难预料能持续多久。

隈：即使没有规则，社区仅依靠实例也应该能进行城市规划。我认为银座就是一个非常好的例子。

“混沌的乌托邦”发生了什么？

蓑原：另一个是下北泽，以前的农田直接变成了市区，几乎没有实施现代城市规划。交错行驶的小田急线和京王线是唯一的现代化设施。以前建筑物大部分都是木质结构，有发生火灾的危险，但现在建筑物的阻燃率也在提高。小巷道路四通八达便于逃生，从疏散道路来看比其他地区要安全。

下北泽有许多百老汇式样的剧院区和音乐俱乐部，年轻人蜂附云集，也是一个引起国际社会关注的有趣的地方。

隈：细长的小路连绵不断，由于街区远离主干公路，即使没有交通限制，汽车也不会开进来，这样便自然形成了步行街。这虽说是自然发展的结果，却是超越人们浅薄智慧的最出色的规划吧。

蓑原：非常出色。但是，伴随着小田急线的地下线路化，世田谷区将以 1946 年决定的城市规划为原型的辅助 54 号线建成了地面道路，还要建设站前广场和宽度 26 米，与银座大道相同宽度的道路。而且，还制定、强制推行奖励毗邻道路的建筑物后缩的地区规划。这在现代化城市设计中是一种难以想象的野蛮行为。

我跟许多住在东京的专家打招呼反对此种行为。有革新运动认为，建造小田急线连体高架桥是违法行为并与此做过斗争，他们采取的方法与反体制派不同，他们提起申诉说，在也可称作“混沌的乌托邦”城市里开通宽阔的道路，在现代城市规划上是缺乏常识的，请停止建设。运动的中心人物是在下北泽开办事务所的明治大学的小林正美和作家高桥优理花。他们不屈不挠、多次召开居民会议，使用模型和图纸进行说明并与居民对话，提出议案。但是，最终小田急线连体高架桥建设在城市规划审议会上强行通过，在世田谷区和东京都的方案中得到项目审批。

银座与下北泽哪里不同呢？在下北泽同意我们的意见并付诸行动的人们与

世田谷称为居民协议会召集起来的地主和商店主不同。如独自进行问卷调查，压倒多数的反对意见就会不断涌现，居民的意见不能统一。

再就是，世田谷区在围绕在开发规划方案进行最后公开时，散发了引导同意开发规划的意见书，以让大家签名的方式来收集对方案的意见。这是第二次世界大战时日本法西斯国民统治会的形式。我们申诉说这违反民主主义的基本原则，不愧为审议会会长先生啊，对此表示遗憾并辞职了。作为学术专家参加的大学老师们也全都辞职了。尽管如此，世田谷和东京都还是强行通过了再开发规划方案。比起担心下北泽的风景将会变得如何，我更觉得在民主主义社会的日本，这种令人难以置信的行动竟得到认可，这种社会状态是不正常的。

隈：我认为其整个过程应该被更广泛地提及。应该怎样建设今后的街区？这应作为一本教科书来分享。

蓑原：是的。虽然下北泽的城市景观被 20 世纪的机械论、简化论的价值观否定，但在 21 世纪生命论的城市观里得到了明确肯定。现代城市规划和机制必须认可它。重要的是文化问题。还有没有实际脱离开记者俱乐部和第二次世界大战时的日本法西斯国民统治会形式的日本媒体的问题……

隈：但是，关于下北泽，从蓑原先生规划论的观点来看，能够议论设计是非常有意义的。这是因为蓑原先生的规划论不仅与知识分子夸奖说下北泽氛围好的情绪上议论不同，也是能在其他地方广泛应用的一门科学。

蓑原：在此种意义下，小林先生和高桥女士坚持连续举办专家和市民的研讨会。他们用边画图边说明、让大家充分理解的方式进行工作，因此，赞成他们意见的人们便聚集在一起。

隈：这是规划论科学能使市民参与的罕见的事例。说实话，这必定成为今后城市规划的基本。

蓑原：专家以这种方式参与、引导舆论是非常重要的步骤。下北泽由于地域被分割，没有凝聚力，所以是一个被现代主义形式压制的典型例子。

幕张　居民维护的街区文化

蓑原：另一个有趣的事情是海湾城，规划人口 26000 人的地方，现在住了 23000 人左右。

日本的体系结构，原本由于社会环境不考虑政府条条领导构造与设计质量，所以不能按照世界标准的城市设计来整体考虑道路和公园与建筑物的关系。但是，千叶县企业厅听取了我们城市设计专家的意见，几乎是奇迹般地组建了能够进行城市规划的机制。因此，现在住宅区建成了像欧美城市规划和城市设计专家到访我们都感到无愧的街区。但是，一旦事业完成后，有关后期的管理工作，却无任何体系来做街区建成后的后期维护工作。

2012 年，负责建设幕张海湾城的千叶县企业厅解散了，民间企业人士也撤离了。道路、公园和垃圾处理厂等公共设施也移交给千叶县。幕张海湾城从制定最初的基本规划时，就考虑到开发以后的维护管理工作，接受此开发规划后企业厅也不断在积累经验。但是，换掉志向远大的县知事后，财政上陷入困境，未能建立起维护管理街区的机构。

在如此状况下，居民中的有志之士成立了协议会，提出要承接今后街区的维护工作。他们正在制作将各种业务计划纳入其中的提案。譬如，他们考虑准备接受由千叶市发起的景观形成地区的指定，开始行动起来把现行的指导方针改写成景观形成的规则。实际上，从开始建设到10年后的时间，住宅大规模的维护工作就已经同时展开了，虽然没有什么章程要求，但这些住宅的设计和颜色几乎没有改变，所以很有可能会主动将指导方针接手过来。20世纪初期，到目前为止，作为试点建造的英国的莱奇沃思田园都市仍作为优秀的住宅遗产被保护起来。幕张的居民们正以此为目标做出努力。

隈：幕张最初建设时志向很高，想要超越以前的郊外住宅类型成为社区的模板。被此小区吸引过来的有识之士们，在这里居住了10年、20年，这里已经形成与银座有同样团结力量的社区。最初志向高远的话，居民便会萌发自豪感吧？

蓑原：实际上发生了几件令人感到惊讶的事情。譬如，职业棒球的千叶罗德海洋队5年前夺冠时，以幕张海湾城为起点举行了庆祝游行。当时，在海湾城，人们撒下华丽的五彩纸屑来迎接选手们，这使得也住在海湾城的瓦伦泰教练非常感动地说，这种盛况只有芝加哥或纽约才会有。

2010年罗德海洋队再次夺冠，成为日本第一，所以也举行了盛大的抛撒五彩纸屑的游行（见109页照片）。这是一项艰巨的任务。在海湾城要准备1700千克重的纸张，裁剪成五彩纸屑分发给住在高层的人们，且必须计算好时间请他们撒下。事后的清扫工作更是繁重。听说5年前用了15分钟就清扫干净了，2010年庆祝游行时我亲临现场进行了确认。果然用15分钟就打扫得一干二净，令人钦佩。

隈：秘密是什么呢？

蓑原：当然，其中也有罗德海洋队粉丝的力量吧。但主要还是依靠社区。将报纸剪切成大片撒下去，纸片大了撒下时的视觉效果好，而且容易回收。这些都经过缜密思考。

职业棒球千叶罗德海洋队获胜时的游行庆典（2010年11月21日，共同通信社 提供）

隈：即使在日本，使用街区型城市规划建造的街道，即建筑物的墙壁之间若无足够空间的话，不管你的想法有多好，也是达不到纸屑漫天飞舞的效果。

通过看到的幕张使我明白，具体规划会影响到社区应有的状态，重要的是要具有改变社区文化水平的力量。

蓑原：建筑如同隈先生所说，果然是一个强大的物体。在认定它的力量之后，再考虑如何构筑人居单位的空间。最终，达成一个个共识去解决每个地方出现在建筑上的问题。除此之外别无良策。在这些共识达成的方式中，重要的是专家将如何积极地建议、参与和描绘将来的蓝图。现在的状况是，政府官员和开发者几乎都胸无大志。

隈：在日本，有时嘲笑中国的建筑泡沫是落伍的发展主义，但中国的开发者能敏感地抓住现在环境与街区景观的问题。对此做出反应的速度也很快，连续不断地出现引起世界注目、有趣的先例。现在日本的开发者，只是反复以前的例子，将会不断落后于世界设计潮流。

台湾·上海对古旧建筑的修缮

蓑原：我担任副会长的 INTA（国际城市开发会议）大会于 2009 年举行，我去了一趟台北的大稻埕昔日的药材批发街区。那里建筑物高度控制在 3 层，相应的空中使用权另行出售。东京大学的西村幸夫先生好像参与了规划。

隈：台北成功地修缮古旧建筑了吧。修缮后诞生的书店和画廊尽管是民间建筑，但是市民的利用率比公共图书馆和美术馆还要高。破烂房屋经过修缮完全改变了模样，作为公共文化设施发挥着作用。日本则与此相反，新建的新奇箱式房屋让街区走向自然灭亡。

蓑原：的确，台湾的修缮工作没有破坏构造，而是提升了建筑物的价值。另外，

20 世纪 90 年代后我每次去上海都对上海容貌发生的变化感到吃惊。新天地和田子坊有效利用从前的街区建成了新的购物区。“1933 老场坊”由 1933 年建成的生猪屠宰场变成了购物中心。

隈：新天地看上去是老式风格，但几乎都是新建筑，给人一种精明的感觉，但我还是觉得那个屠宰场非常棒。

蓑原：屠宰场与安藤忠雄设计的表参道新城以同样的方式进行了修缮。在那里，以前好像是把猪沿着斜路一直赶上去，在最上层进行屠宰，现在人们漫步在猪曾经走过的那条路上，周围成了售货柜台。

日本关于建筑物的修缮做得还不好，今后尚需努力。在东京的下北泽，还有神乐坂、须田町一带是绝对地具有这种规模感的，应该保留那些风景，不断被破坏掉实在是可惜。

1933 老场坊

隈：但是另一方面，我在中国做工程项目寻找当地的工匠时发现，中国几乎没有留下依靠与建设有关工作为生计的工匠。勉强生存下来的工匠都是些刻章、刺绣等在观光产业搞制作的人们。韩国也是这样。日本在建筑行业的延伸上遗留下手工作业，超级承包商和工匠的技能难以想象地紧密联系在一起。这种状况世界上几乎没有。

蓑原：那可是个有趣的话题啊。日本作为亚洲的边境国家还保留着中国文化之根吗？或者说是某种意义上的继承者。很久以前在只有新风景的幕张，曾策划过想把上海的豫园商城、连豫园这一明代庭院的复制品也搬到幕张的拓展区。上海市的有关人士也赞成，但遗憾的是最终未能实现。

那时，上海市的有关人士说的话很有打击性。他说，日本虽然继承了宋代以前的中国文化遗产，但是，却没有明代的。豫园是明代的遗产，欢迎你们继承它。

隈：中心文化的精髓在边境得以凝缩、保存是常有之事，日本和中国的确就是这种关系。

蓑原：日本人现在觉得中国是霸权国家，实在是一种消极反应。我认为应该讨论一下如何更加积极地相互发掘文化根源才是关键所在。

对谈附记

由 2011 年 3 月 11 日发生的东日本大地震、海啸和核电站泄漏事故而引发了思考城市和建筑的舞台场景转换的问题。我们重视被保护、积累起来的自然与人工的空间资源和存量资源，以重新构筑与近邻的人际关系作为我们的目标。而且，要顺应地球环境的时代，不断去修正补充。如此一来，场面将会变成使用以前的这种方法论所无法解决的课题一下子蜂拥而出。

目前，集中力量向高龄的受灾者伸出援手是当务之急。但是在重建街区和村落时则需要与以前不同的方法论。虽以少子高龄化为前提，但从经济复兴的观点来看，必须重新评估东北地方这一广大地区的国土规划。另外，还需要再次构筑将街区和村落的整体搬迁也放入视野的居住地。

选择在当地进行复兴的情况下，为防止灾害的再次发生，就不能使用以前的城建方法，譬如，需要准备建造多功能住房吧。如果选择搬迁，则需要一幅不依赖汽车、与自然和谐相处的新型郊外住宅区的蓝图。

在再构筑以地方圈为单位的大空间与再构筑建造新住宅区所需要的街区和村落的近邻空间的流量正在发生重要的转换。此时，顺应存量时代成长起来的一代如何应对未曾体验过的工作将是一个巨大的挑战。

我想补充说明的是，历经两个月连载的这个对谈里有所涉及不到的领域。

蓑原敬

与蓑原先生交谈时我强烈地感到，不重新设定战后的城市政策和城市设计，日本的城市就无法存活。把以东京为中心的 20 世纪产业社会作为前提制定的制度和设计早已超过使用年限。

那以后发生的地震，我听起来像是老天发出的声音，说“重新设定”。我感到这似乎是上天对将制度作为论据、在其限定之中一直在进行设计工作（包括我在内的全体日本的建筑师）的惩罚。我的身体变得僵硬起来。

我们现在寻求的是立足于包含建筑在内的所有的人造物体不足之处上的、对自然完全谦虚恭谨的城市政策和城市设计。《金融时报》要我写写关于地震和建筑的稿子，所以在我写了东北这一有个性的地方是如何受到东京流派经济政策和设计的影响导致其个性受损之后，在世界上引起反响。美国的建筑评论家、提倡批判地方主义、给予 20 世纪 90 年代以后的建筑界新展望的肯尼思 · 弗兰普顿（哥伦比亚大学教授），看了我的题为 *TOKYO"cool"has swayed japan for too long* 的原稿后立即告诉我他的感想。他说，东京中心主义的背后隐藏着美国的商业主义，这两者是两位一体的，其证据是，福岛的反应堆是美国通用公司制造的。我钦佩弗兰普顿，他没有把此事当作别人的问题推开，而是作为自己的问题接受下来。

我想通过这个视点，再次慢慢思考蓑原先生提倡的关于从地域出发、独立自主的城市规划。我一直把东京作为基地进行工作，并完全沉浸在东京的环境中，这次必须要从重新审视自我、批判自我和反省自我开始。

隈研吾

注 1　《世界》首次刊登时（2011 年 6 月号），由于销售东日本大地震专刊号，后半部（下）的登载推迟了一个月。本附记为此而写。

第六章 | 始于“大众之家”

伊东丰雄

建筑师的异化感

伊东：3 月 11 日，得知地震的震源是东北时，我首先担心仙台媒体中心（仙台市青叶区）。损坏最严重的是最顶层的天花板，有部分脱落，7 层上正好有位摄影师偶然在现场，他从藏身的桌子下面把地震的情形拍摄下来，马上通过互联网传送到全世界。这部影像即使看过多次也会让人感到震惊。

那以后，我直接给市长说希望无论如何也要早日修复媒体中心。作为仙台市的公共设施很快就在地震两个月后重新开放了。除了 7 层以外，这里作为市民的休息场所得到了很好的利用。（注 1）

隈：东北是我于泡沫经济后开始进行地方项目的契机之地，对它抱有很深的感情。我最初在从南三陆进入内陆的登米町（现在的登米市）建造了能乐堂，然后又南下石卷、福岛和枥木，一直参与振兴小城镇的项目。东北所具有的地形的自然之力和匠心之力成为我 1990 年以后的建筑根基。

石卷的运河交流馆（水洞窟）沿北上川河畔而建，所以特别担心使河水逆流而上的海啸灾害。实际上去看了一下情况，建筑物本身没有大的损坏，但是连接堤坝的散步道受到了毁坏。

我发起“归心会”是去石卷不久前的 3 月末。契机是收到同在东京大学任教的内藤广（注 2）先生的一封邮件。内容是让我们建立一个土木、城市规划和建筑这三个专业各自跨出自己的领域进行信息交流的校内平台。看到这封邮件后我立即给内藤广先生打去电话说，大学里的人不仅仅要动脑筋，建筑师应该说话严谨、进行实质性活动。从这件事上，我就想给我最信赖的建筑师打招呼，立即与伊东丰雄先生、山本理显（注 3）先生和妹岛和世（注 4）先生进行了联系。

首先，我想我们建筑师同行之间要进行一次讨论，因为在以前的复兴更生的总体规划里，设计的因素几乎没有被考虑进去。回顾阪神大地震后的复兴重建，规划都是在行政主导下机械地进行，里面丝毫感觉不到创建新城市的热情与梦想。我觉得年轻人谁都不说想设计规划，全体设计、规划人员之间蔓延着一种还不到自己出场的黯然的悲观。不过，真的可以说建筑师与复兴“没有关系”

伊东丰雄
建筑师。1941 年出生。主要作品有仙台媒体中心、多摩美术馆大学图书馆（八王子校园）、今治市伊东丰雄建筑博物馆等。荣获威尼斯双年展金狮奖、王立英国建筑见协会（RIBA）皇家金质奖章。

吗？正因为自己一个人的力量微不足道，所以大家要聚集在一起思考什么是建筑里的可能与不可能。

伊东：在震灾时，搞土木工程的人与国家有很深的关系，等级制度明确，联系面广能立即出动。建筑师则总是一个人随意行动，所以即使在这种事态下，也听不到组织发来的声音。看到房屋被毁坏、被冲走的情形，包括学生在内的有关建筑人员谁都会觉得“必须做点什么”。不过，这个“做点什么”说的次数不少，但最终还是纸上谈兵。

隈：我认为建筑师变得如同一只狼，是我们自身也有问题。搞土木工程的人们知道一只狼一事无成，所以他们平时就组成一支团队，机动灵活地推进工作。另一方面，对建筑师来说，建造“具有批判性的建筑”最为重要，其批判意识已经完全渗透在他们的生活方式之中。批判贬低彼此的建筑已成为日常生活，所以，有人刚一提出大胆的提案和宏伟的城市总体规划，周围便开始一起吹毛求疵，规划必定会流产。

因此，在“归心会”的初次讨论中，伊东丰雄先生说“这种时候我们不要互相批判了吧”。我听着他的话语非常新鲜。

伊东：作为从事建筑的人，是为社会建造东西的，所以，总是批判下去这样好吗？我认为，边批判边搞建筑，对建造带有批判性的建筑抱有怀疑，只要不在某处将这种怀疑扭转，建筑师就永远融入不到社会中去。

其实，地震发生前不久，我们租借“座 · 高圆寺”（杉并区立杉并艺术会

北上川 · 运河交流馆（藤塚光政 摄影）

馆）举行了我们事务所开业 40 周年纪念宴会。我们也请来了矶崎新先生和原广司先生。纪念宴会提供了一个论坛，讨论了从 1971 年事务所开业以来的 40 年中，日本的现代建筑是如何被评价的，今后必将会如何变化发展。

我的判断是批判建筑始于 1970 年。到 20 世纪 60 年代为止，日本的建筑和城市空间如同北京奥运会前的中国一样，在坚信前途光明，能够发挥出色的技术发展成果下建造而成。从 20 世纪 50 年代后期开始到 60 年代拥有公共广场的市政厅和市民会馆等公共建筑也在各地建成，建筑师一直在社会内部工作。

但是，以大阪万博会结束的 1970 年为界限，矶崎新先生他们成为空想家，突然说“建筑没有未来”。在发生石油危机、日本经济发展速度放慢的时期，开始搞建筑的我们这一代人，认识到在不幸的时代只能搞建筑后，便在小型住宅的建设上倾注了全力。从那以后，日本的建筑师在世界上开始得到评价，我认为是因为那消极的力量引起了关注。不过，建筑师只要不改变那种姿态，即使在海外得到好评，也不会完全融入日本社会中。这种矛盾一直持续到现在。

譬如，我对最近立志成为建筑师的学生也抱有怀疑。每年 3 月份，“毕业设计日本争霸决赛”在仙台媒体中心举行。今年展出中的模型由于地震被吹跑、被灭火设备的水浸湿。看到如此惨状，在某种意义上来说，我感到受灾的不是这些模型，而是学生们思考的建筑概念。

总之，建筑师为建筑师而考虑建筑。他们使用只在内部通用的“社会”这一虚构的框架进行说明：这座建筑是为社会而创造的出色的作品。而建筑师以外的人则只会这样认为：“这是什么呀？”这种建筑师与社会有很大的隔阂，从这种情况来看，为了回归零点这应该是最好的机会了。说不要进行批判，就从那里开始。

隈：我和伊东丰雄先生大概相差13岁。比伊东丰雄先生大一旬的是矶崎新先生和槇文彦（注5）先生那一代人，比他们再大一旬的是丹下健三先生那一代人。矶崎新先生和黑川纪章先生虽然提出负面批评，但实际上他们以此为托词在不断地亲自设计大型建筑，是非常积极的人。20世纪70年代以后，设计了最有锐度建筑的是伊东丰雄先生，他让我们这帮学生感到“这才是真正的批判啊”。伊东丰雄先生也引起了国际上的极大关注。

在这种影响下，我在20世纪80年代以后探索了自己的方向性，与伊东丰雄先生的将建筑锐度化、抽象化的方向性完全相反，我开始考虑把噪音——这是环境，也是使用人——纳入建筑中。我有点提心吊胆怕被别人说些什么（笑）。在20世纪70年代以后持续不断的“批判浪潮”中，我一直觉得在日本工作有很大的精神压力。

我意识到伊东丰雄先生的建筑作品也在发生变化，但听到他清楚地用语言说出“不批判也能搞建筑”后，感觉得到了拯救。他鼓励我说，在建筑的整个世界里必须改变以前的做法。

在临时住房里修建客厅

伊东：在仙台媒体中心有许多市民随意而来，在那里喝喝咖啡、看看报纸度过一个上午。我认为这样“随意而来”的人们的聚集之地是公共建筑具备的重要条件。在日本，空间的作用越是明确就越被认为是好的建筑。换言之，音乐大厅只是听音乐的地方，图书室的参考文献在这里，儿童图书在那里……，功能区分要清楚。媒体中心没有这样的界限。老年人电脑教室的隔壁房间，学生们在举行研讨会，附近孩子们在跑来跑去，噪声重叠交织在一起。

我认为，对于在避难所和临时住宅里生活的人们来说有一间市民家中客厅般大小的空间是很重要的。6 月份，我去听了在仙台市内的临时住宅居住的人们的谈话。临时住宅都是大约 33 平方米，连走动的空间都没有。房间布局两卧一厨，90 多岁的老奶奶与儿子夫妇老两口三人生活在一起。以前他们好像住在 260 平方米带庭院的房子里，在海岸边上从事农业生产，突然住进这临时住宅里，他们流露出不满，说：不知在这里能否生活上两年。老年人也会有精神压力，真吃不消。

想在临时住宅之间和避难所里建一个能把人们聚集在一起、进行交流的“大众之家”的空间。我想通过“归心会”来呼吁一下，实际上已经作为一个企划在运作了。

“‘大众之家’也仍然是一个只有 33 平方米客厅大小的地方……”话刚一出口，“有那么小吗？”便有人说道（笑）。譬如，那老奶奶的儿子夫妇回答我说：“白天我们出去工作时，老奶奶能换个地方待着，真让我们省不少心。”

仙台媒体中心（宫城县观光课 提供）和其媒体中心的 1 层阳台

隈：临时住宅只是原封不动地拷贝了 20 世纪工业社会产物公共住宅的模板。不但狭小、材料粗劣，而且最大的问题是把每个家庭独立划分成一块块地与周围分割开来。在避难所至少还共有噪音空间，对此，临时住宅即使有集会场所也小的可怜，难以产生共同性。

在“大众之家”，如果能让大家看到我们开始思考的、把建筑作为纽带的方式，我认为是很有意思的。

伊东：是啊。一部分自治体好像通过以多家建筑商投标的形式来进行临时住宅的订购，所以，不仅仅是微妙的价格差，如果有包括规划和配置方法在内的竞争，应该能造出更好一点儿的建筑来。

当地的意见在规划里是否得到反映？

伊东：据说由于社会上政治不透明，所以这次的重建工作一拖再拖。但是，重建规划的绘制却以迅猛的势头在进行。只不过报纸对此没有报道，在什么地方、如何绘制我们也概不知晓。问一问当地附近的人们，听说在震灾发生三日后，就有土木工程专家进入震区各地开始汇集受灾调查了。由于自治体人手也严重不足，所以要形成这样一种动向，要早日把基于调查报告而做成的土地利用规划向县府、国家提交以便获得预算。

规划的绘制也未必会采纳居民的意见。采纳当事人的意见要花费时间，不如干脆避开它加速规划准备工作。实际上公布绘制的规划时，就已经到了几乎无法变更的地步了。在居民说明会上很多居民才初次得知自己的家被规划到道路里去了。

我参加了釜石市的灾害重建项目会议，我认为如果要在规划中采纳民意，就应该趁规划绘制完成前来做，这些我们也能做到。我还多次举办居民也参加的研习会。大家提出了各种意见，但最终结果如何还是个未知数。

隈：在参与爱知万博的会场设计时，我知道了日本行政体系的现实情况，让我疲惫不堪。我只是当一个会场规划委员会的主席，但不允许参与任何与规划有关的实质性工作，尽管如此，还是被媒体认为似乎是我规划的一般。在这次重建规划中，越是接近中央、接近中枢的会议其行政体系的特性就越强，从那里没有什么可以期待的。重建设计会议成员名单公布后的第二天，我与矶崎新先生偶然在上海机场的候机厅相遇。矶崎新先生一看到报纸就说，“进入名单的家伙都是牺牲品啊”。因为矶崎新先生在1970年的大阪万博会上吃过苦头，所以他非常明白。现在只能探索设计规划之路，以免被拉拢进行政体系内去。

这种时候,怎么说呢,有些冒失或是做事不大靠谱的人们开始想开心事了。譬如，东京的某非营利团体想在若林区（仙台市）建造一个露营地，为来灾区访问的人们准备能够喝咖啡和住宿的地方。——从长期的基本计划考虑，他们认为来访者会身体疲惫，什么都干不成。但与此完全相反——我实际来到一看，在勉强还能使用的库房里，有些像中央线沿线一带的年轻人正在用自己带来的食材烧饭赈济灾民。今后在那旁边，我要与我的学生打造一个将瓦砾加工成作品的场地。我认为临时露营地扩大后形成的新城是有魅力的，如果建筑师能在这种特别的、用临时木板房进行发展的城市规划里发挥自己的设计能力真的太好了。

另外一个就是开始与当地工匠的合作。我个人对东北制作的东西也有很深的情感，所以就开始到地方上的工作室转一转。看到的是不仅工作室被损毁，就连干活的人和订单都减少了，一切都处于一种非常严峻的状况。我开始实施了EJP（East Japan Project/东日本项目）项目，与当地的人们一起做些什么东西来销售，将利润作为培养工匠的奖学金。譬如，在宫城县的岩出山（大崎市）有许多用当地山上采伐的矮竹做竹工艺品的工匠。我正在与他们协商，发挥他们的技术优势，稍稍改变一下以前的设计，制作适合于新时代无碳生活方式的产品。

伊东：试着与当地人实际交流一下，逐渐没有了隔阂，大家出了许多主意吧。我们在临时住宅与当地人谈话，请他们参加研习会，最初也是被拒绝，说“太难了，我们不懂啊”“门槛那么高的地方我可不去”。尽管如此，我们用一个小时左右的时间与他们促膝相谈，他们就会一点点把心里话告诉你，说什么“‘大众之家’要是有炉灶就好了。以前，大家都用炉灶做饭，老奶奶们也会变得有精神的”“烧柴火的炉子也不错啊，在外面屋檐下堆上一大堆木柴……”

隈：不过，因为没有一种将意见归纳后反映上去的途径，所以，人们的意识与实际正在施行的规划的水平差距还是很大的。

伊东：的确如此啊。其他地区的情况我不是很清楚，但在釜石有许多意志非常坚定的人。他们坚强，也具有自我牺牲的精神。有时候我们反而被他们所感染，精神百倍地回来了。不过，虽然他们明确地说，“诸位，最后要靠我们自己来决定城镇的未来”，但是，实际上，规划在人们看不到的地方就已定下，这种结构性的矛盾为什么不能表面化呢？真是不可思议。

让界线有层次变化

伊东：另外一个我感到非常危险的就是，能否在东北建造一个只有绝对安全才能行得通的像阪神大地震重建那样的现代化城市呢。东北落后于中央，所以美丽的自然得以保存。但是，现在按照中央的想法说是把山削平搬到高地上居住即可。日本的城市规划，在发生大的灾害之后必定会乱设定特殊建设区域。这与开发郊外的方法相同。显而易见，这样会建成一个多么糟糕的城市，但是这种情景即将再次重现。

隈：是的。特殊建设区域是 20 世纪始于美国的一种特殊时代的特殊制度。这是把 20 世纪工业化社会作为前提的工作与居住分离的思维方式。它将切断人与人之间联系的纽带。包括欧洲，现在整个世界都正在远离切断纽带的城市规划，但是，现在日本的建筑标准法和城市计划法还是将特殊建设区域作为标准，继续当着很久以前的美国式工业化社会的优等学生。

那种做法基本上就是先把区域按照用途分为办公、住宅和商业区，再将容积率和高度限制全部分配到各个区里，这样就会让人产生错觉，好像城市规划已经制定完成。不过，那既不是城市也不是别的什么东西。在这空空洞洞的图表里人类是无法居住的。

伊东：你在灾区走走仔细查看的话，就会知道建筑物能否幸免于被毁坏这一切与某些极其微妙的差别有关。譬如，幸亏有一棵松树和稍稍隆起的土堆，房屋总算是得以保存了下来。这样的情形随处可见。因此，必须将这种微妙的情况纳入规划中。

有一种意见被提出：在现有的防波堤之外再使用铁路和高速公路的高架来制造一个阶梯式边界以防海啸。不过，如果我们不放弃划分街区的理念，我们的方针不采取用一种不太确定且形式多样的方式来防止海啸，那么我们美丽的城市是不会重现的。现在海啸破坏的模拟实验精度大幅提高，所以，我认为应该大力地、有效地利用它来探查渐变边界所应有的状态。

对于现代城市、现代建筑来说，边界是个重要问题。隈先生和我都会用柔和的形式来进行设计的。说得通俗易懂一些，过去日本的木结构房屋就很好地考虑到了如何将自然渐进地收纳进来。有好几层屋檐，还有外廊、拉门、隔扇，这样不断往里面去。但是，现代建筑的根基里有“隔开”这一概念，把房间与房间隔开来能更好地发挥其作用。可以说内外边界分明，里面才能有效地获得同质环境。

关于现在日本所提倡的节能方针，一般是通过明确和巩固内外边界来减少内部的能量。说是为节能要使用自然能源。我的想法与此相反，将边界模糊化，把自然的力量引入内部加以利用，最终达到节能。我认为对于生活在与大自然密切关系中的东北的人们来说，这是改变日本整体思想的一个机会。

隈：东北沿岸一带，在因每个海湾不同环境条件就会发生变化的地方，当然关于防灾和能源的条件也各不相同。如果将设计委员会决定的基本方针采取自上而下的方式的话，无论其中有多么伟大的哲学，在向下传达时也会被稀释、同质化，无法成为灵活的规划。在最不适合自上而下的地方却强行实行自上而下的方式。是时候应该开始考虑在各个地方安置能腾出时间的人，采取自下而上的方式了。

现在的基本构想虽说是不解决税金和财源问题，无法设计规划，但实际上规划设计正在暗中进行，并向坏的方向进展。

看清“暂且”的前面

伊东：东北人口有减少的倾向，产业也一直走向衰退，此时发生了地震。现在，自治体竭尽全力重建自己的地方是理所当然的，但是，仅靠当地自己的力量来承担损失的话，那所受到的创伤很可能会越来越重。所以，我觉得每个地方的情况大有不同，我们以此为前提，在从岩手到福岛整个沿海地区要建造一个新的风景区，或赋予一个“这就是东北”的身份，否则，今后形势将会更加严峻。

这件事也关系到当地产业的未来。如同隈先生刚才所说，也许每一个都微不足道，但是有许多工作只有东北的工匠才能做得到。我认为他们的技术和包括渔业在内的产业，还有观光，这些对灾区的未来来说是很重要的。

隈：我们总是关注临时住宅何时开工、如何让失去家园的人们住上房子等问题，但是给他们创造工作条件也同样重要。如果没有工作，即使有住房也无事可做。

在考虑住房问题的同时，也必须要考虑如何挣钱、如何生活。那时有必要同时考虑现在的后工业化社会的观光和生产。必须将观光和生产所应有的方式与人们的住所联动起来。把这三项分开考虑，如果箱型住宅鳞次栉比的可怕景观形成，那将来几百年也不会成为观光地的。如此这样的话，就只建造了一个不提供工作的纯粹的监狱了。

伊东：是的。不仅要描绘您所说的和遥远的未来景象，也必须要考虑今天和明天将要如何去做的问题以及未来如何持续下去。说起“暂且忍耐一下”“正式的要从今后开始”来，它们之间也没有任何连续性，那个“暂且”将会变得很悲惨。

沿海一带有很多小工厂，海啸过后到现在瓦砾还未被清理。虽然如此，但挪用耕地在新的场地上建造工厂，需要花费一两年时间，到时工人们也许都不在了。因此，我认为也需要有与临时住宅同样的“临时工厂用地”。

长期变化的开始

伊东：东北仍有留下一些当地社区，地震后从那里出来的领导者们想创建一个人们联系的场所。青年们来到这里将会考虑建筑为何物？那个空间要给予它何种形状？我觉得这些是非常重要的。在仙台与大学生们谈话时，比起在东京来能切身感受到受灾的真实情况，在感受性上也受到相当大的震动。尽管如此，我仍存有疑问，我真的在考虑想要改变自己迄今为止一直思考的建筑吗？

对此，我们事务所的工作人员也同样抱有疑虑，这同时也是我的问题。现在我正在画第一期“大众之家”的图纸。以前的想法已经清空，这不是设计好坏的问题，我试着画了司空见惯的人字形屋顶，总感觉有些不足。话虽这么说，我按照自己的想法进行了修改，但是感到“还是无法舍弃以前的设计啊”。我边徘徊边认真思考，感觉好像被提出什么要求，真是个有趣的问题。在这种情况下，再努力一下吧。

于2011年10月末竣工的〝大众之家〞（仙台市宫城野区）

隈：譬如，1755 年发生的里斯本大地震，对欧洲的启蒙主义和社会主义的形成给予了很大影响，他们觉得上帝都无法指望了，结果到了 20 世纪才出现现代主义建筑。这么想来，这次也许需要更长的时间。将会给日本历史带来与里斯本大地震相同的冲击。

接触到已经完成的“大众之家”后，人们的意识在逐渐改变，这种感觉作为实际的城市设计在得到体现之前无论如何是不能放弃的。不断创造这种转换的小小契机也许就是“归心会”所起的作用。

伊东：是的。住在临时住宅里的老爷爷回忆起“屋檐下堆积着木柴”的房子，是大家不知在何处所拥有的共同形象吧。为什么建筑师不能直截了当地画出那些东西呢？没有屋檐的房子漂亮啦，平屋顶不错啦，镶上玻璃好看啦，等等。

隈先生很精练地设计这些东西，搞了 40 年的建筑，我也有不能轻易地说“是的，我明白了”的时候，也许这真的需要一个世纪。

注 1　仙台媒体中心于 2011 年 6 月修复。于 2012 年 1 月包括 7 层在内的所有的楼层全部对外开放。
注 2　内藤广（1950—）建筑师。生于神奈川县。主要作品有海洋博物馆、安云野千寻美术馆、牧野富太郎纪念馆等。著书有《建筑的思考方向》（王国社）等。
注 3　山本理显（1945—）建筑师。生于中国北京市。主要作品有埼玉县立大学、公立函馆未来大学、横须贺美术馆等。著书有《新编住居论》（平凡社自由生活）等。
注 4　妹岛和世（1956—）建筑师。生于茨城县。主要作品有小屋子、梅林的屋子等。于 1995 年和西泽立卫先生创立建筑师集团 SANAA，打造了金泽 21 世纪美术馆、劳力士学习中心等。
注 5　槙文彦（1928—）建筑师。生于东京都。主要作品有螺旋、幕张展览、电视朝日本社建筑物等。著书有《若隐若现的都市》（共著、鹿岛出版会 SD 选书）等。

第七章 | 震灾之后产生的虚构

冈田利规

对日本人来说公共性是什么？

隈：冈田利规先生的戏剧看起来好像是把日常生活原原本本地搬上舞台。在海外公演时有什么反响？对海外的观众来说，“日本的日常生活”好像是一个无缘的世界吧。

冈田：回答这个问题对我来说是非常难的。这是因为，首先所谓的“描写日常生活”是什么，这一小小的话题我自己都搞不太明白。

我在描写日常生活，而且完全是不折不扣的。不过，即使舞台上的表演与日常生活看上去完全一样，但舞台本身也是一个非日常生活的空间，这是不可动摇的事实吧。另外，我在舞台上展示一种动作，这动作“虽然看不出有特别的意思，但是这是平常经常做的呀”。不过，此时我所做的是把平时的动作提取出来将其直接搬上舞台呢？还是做某种夸张或者进行某些加工呢？这连我自己都不太明白。我认为这大概是与使用多大的分辨率来描写日常生活有直接的关系吧。

从我的艺术表现中感受到人与人之间的距离感。譬如，对欧洲的观众来说，这是相当异类的东西。但是，所谓异类是因文化不同所产生的印象呢，还是这种艺术表现仅仅与别的戏剧不同呢？这个我也闹不太明白。说起来，就连日本的观众对“日常生活”的看法也各不相同啊。因此，不要把什么都分得一清二楚，海外的反应与日本相比将会如何？对于这类单纯的问题我也总是回答不好。

隈：人与人之间的距离感与他们的日常生活有着微妙的差别，这对海外的观众来说也许是很有趣的。

冈田：我认为，海外的反应给我这样一种感觉，日常生活就是如此。

这好像也关系到欧洲观众观看舞台表演、欣赏艺术表现的能力的大小。在欧洲社会中，表演艺术的定位与日本全然不同吧。

隈：关于日常的意识，与建筑里所说的纪念性问题紧密重叠在一起。普通的住

冈田利规
1973年出生。戏剧作家、小说家、主办戏剧团“Chelfitsch（利己）”。著有《特许时间的终结》（荣获第2回大江健三郎奖）等。

宅如果是日常的话，那么，像市政府啦、美术馆那样的城市中的纪念性建筑物就像登上舞台的物体。换言之，建筑物也有日常和与日常稍稍不同的戏剧表演世界之分。譬如，当有人对我说在城市的中心广场对面设计一座美术馆时，我必须要设计做出某些演技。像设计小型住宅那样，随随便便地行事是不被允许的，对这种“舞台上的”特殊状况，我们经常为此苦恼、迷惑。可以将这总称为“纪念性问题”吧。

我感觉在欧洲社会，人们从一开始就已习惯在这种显眼的地方建造公共建筑（艺术表现）。表演艺术和公共建筑都作为生活的一部分，自古希腊以来就一直被运用自如。借用冈田利规先生刚才的话来说，就是“有能力”。在这种环境中，建筑师工作起来非常轻松。

另一方面，战后60年期间，为支持地方建设行业的发展，在公共投资是必要的这一荒谬逻辑下，日本的公共建筑不断被建造出来。因此，对于公共建筑的戏剧性，日本社会最终未能熟悉。泡沫经济崩溃后，不要“沉闷的盒子”这种不满一下子喷发出来。日本没有把纪念性建筑物作为社会必要的功能来灵活运用的传统。

冈田：的确，日本社会对于纪念性和表演性还没有熟悉吧。那么，您认为这种公共性的戏剧或者建筑在日本真的有必要存在吗？

隈：从结论上来说我认为是有必要的。与公共建筑耸立在城市中心同样，实际上我们自己的小家也是作为一种戏剧在城市里进行演出。将日本人未曾意识到的、潜在于日常生活中的所有的戏剧性用反向照射的意思解释，就是公共建筑和公共性的戏剧都是有必要存在的。

冈田：我也这样认为。譬如，想要表演自然的演技，就要参照“平时的自己”，如果不把平时的自己当作表演的人物来把握，就会搞不懂什么是自然，反而成为呆板的装模作样了吧。不具备“人平时都在表演”的观点是不行的。

日常与非日常的分寸

冈田：隈先生的书中写道：根据凯恩斯提倡的公共投资而兴起建造“伟大建筑”所带来的后果，即使在战后的日本，建筑师也不得不面对公共。从书中得知，与市民开过研讨会之后再设计建筑的动向就是由此而来，我觉得有意思的是，戏剧现在所面临的局势，早在很久以前建筑行业就已经面临过了。

日本在这 10 年左右的时间里，不知为何戏剧的公共补助金制度得到了很大的完善。因此，既然我们也是领公家的钱来创作作品，那么就必须彻底思考一下为什么我们的艺术表现就值那些钱呢。我认为公共性的戏剧很有必要，但是这对日本社会真的能说有意义吗？我是没有自信的。说戏剧行业具有公共性是对的，这毫无疑问，所以也许只能这么说，要想方设法找到有说服力的逻辑吧。

隈：我认为有一种必要的、并非是不言自明的批判意识支撑着冈田利规先生的戏剧。是否真的有必要呢？这需要通过某些动作和反作用才能得到证明，显示为不是先天的才是重要的。建筑也是同样，必须继续质疑“这个纪念性建筑真的有必要吗”。

冈田利规先生在作品中也不断质疑这终究是戏剧表演还是日常？这很有意思。在（2011 年）2 月我观看的冈田利规先生主持的 Chelfitsch（利己）剧团的舞台剧《象龟的音速生活》中，有句自问之话不绝于耳，“现在我在做什么呢？……”好长一段时间在我的脑海中反复出现（笑）。那是一句好台词啊。

冈田：是吗？您只提到那一句台词我有点不好意思啊（笑）。那句话那样用语言来表达，舞台上的行为看起来就是那样，过于牵强附会了吧。

隈：我认为那么尖锐的问题在建筑上也能够提出来就好了。大家都认为矫揉造作的纪念性建筑不讨人喜，但也不能把日常照搬原样地带入公共场所，否则就成为一种暴力。那么，经过研讨会的程序也并非什么都会被允许吧。质疑接连不断。我内心曾经做过斗争想消除建筑，这可能也是质询之一。

与将纪念性合法化的程序相比，重要的是要经常自觉地自我否定，不断质疑。没有疑问，觉得有纪念性就开始的话注定要失败的。

《象龟的音速生活》（Kikuko Usuyama 摄影）

冈田：我想问一下隈先生是如何酌情处理纪念性和日常性的？譬如，如何判断“这的确做过头了”呢？我在创作戏剧的时候，也会适当酌情考虑自然的日常性和具有表现力的非日常性之间的平衡关系。我经常在想，那时就算是在表现力上下了不少功夫，但是出格的事情出乎意料的少，应该显示出更为生动的表现力来。我认为对纪念性无戒备之心是危险的，但是，最近我觉得以前的我对此是否有些过于恐惧了。

隈：是虚构性增强了吗？

冈田：是啊。以前在舞台上展示出日常性后，就会告诉他们说，“所谓日常，即使照搬原样实际上也是非常古怪的”。不过，那时的自己对于“日常”里面所融入的虚构和演技的意识还很淡薄。

在开始意识到这个问题后，我就把在日常生活中并非存在的因素也编排到表演中去。尽管试着做了一下，但还是觉得好像只是使用了日常范畴中的东西。

隈：我不喜欢待在已经竣工但人们还未开始使用前的工地，会经常令我感到如坐针毡。但是，一旦建筑物周围开始有行人来往行走，我就经常会有这样的发现，觉得人们可以到这么近的地方来了；就连那种东西也编排到日常中去了。与此相反，有时也会发现很普通的东西却意外地没有被编排进去。将那时的发现进行反馈，在下一个建筑项目中再前进一步，踏入一个新的空间，挑战一下是否能够融入日常中去。

冈田：我也有这种感觉，下次好好发挥它。

隈：只有反复进行反馈才能发现自己的建筑存在的问题。最初的时候，并非具有自己的建筑和风格，后来被日常的东西所锤炼，就会一点点地得以发现。

冈田：我以前觉得有表现力的演技做作不太喜欢，对演员也是希望他们有一种非常自然的状态。可是，现在我对演员的喜好也大大改变了，比起让人感到没有表现力的演员来，我更喜欢不掩饰自己的表现力、在舞台上能站住脚的演员。

自然的建筑等于诚实的建筑吗?

隈：我认为不喜欢表现力的感觉是一种耻辱，也是 20 世纪 90 年代以后的时代的感性。冈田利规先生待在剧场中，通过磨炼你认可的表现力，在接受它的同时再解体它。

另一方面，您像主持“Port B”（戏剧组合）里的高山明先生一样，到剧场空间的外面来，通过形式上的解体也会得到解体表现力的矢量吧。冈田利规先生对此感兴趣吗?

冈田：正好在（2011 年）5 月，我同一道参加维也纳艺术节的高山明先生谈过话，我们两人的方向完全相反，这非常有趣吧。高山明先生创作的不是演员念念台词、扮演虚构角色的戏剧，他制造噱头让现实中的人们和风景看起来像虚构的一样。这被称为“后戏剧”和“纪实戏剧”，也在世界戏剧潮流里确定了自己的位置。

龟老山展望台，尝试“消除建筑”（藤塚光政 摄影）

按照我的理解来说，虚构已经失去对人们的影响力，这种动向已从人们对虚构的认识里显露出来。而且，譬如说，考虑到正是不去剧场看戏的人们才真正需要戏剧，所以把公共空间作为表演空间，很多直接反应社会问题的作品才得以问世。这可以说是能够提高对“有益于公共的戏剧”逻辑的说服力吧。我认为这是一个很真诚的流派，而且，将这个流派在日本进行实践的第一人就是高山明先生。

我不具备那样的天资，所以一般只在剧场里演剧。我有时感到，多亏了有像高山明先生那样的人，我创作的表演才得以相对化，能够安心做我想做的事情。

隈：恪守剧场空间的框架，同时让戏剧在剧场里得以发展的过程很有意思吧。我刚开始搞设计的时候，觉得建造建筑物挺难为情的，就一直倾心于隐形建筑。不过，为了不让人看到建筑物，即使栽种植物把建筑物全部围上，建筑物还是作为建筑物在进行一台演出。即使是隐形建筑，基本上仍然站立在舞台上面对人们进行表演。从我觉察到的那时起，我就感觉我的建筑开始进步了。

冈田：所谓隐形建筑与自然演技非常相似吧。在构筑自然演技时令人害怕的是大家有看法的时候，说什么“不过，那个自然全都是有目的地组合起来的吧”。这个表演能否经受得住大家的评价将会如实受到质询。

比起来被评价是不是自然的表演，我想创作的作品是被大家评价说这是虚构的表演时也无关紧要的作品。所谓“无关紧要”与其说是品质高，不如说是诚实。

如果是诚实的表演，无论观众怎么看大概都没有关系，这就是现在我衡量表演的尺度。要给观众这样一种感觉并不是不说谎，而是把谎言诚实地表现出来。

隈：诚实的判断标准与我们设计时认为最重要的事情是完全相同的。

譬如，在使用石材时，一般是在混凝土上粘贴石材，给人一种整体用厚重石面张贴的感觉。这里面的逻辑是，石头是天然材料，所以这是自然的建筑。这也许是自然的建筑，但是，并不能说是诚实的建筑。话虽如此，但全部都用真正的厚重的石材搭建的话，成本将会大幅上升，石材也不会无限制获得。当今时代，不得不使用薄石片。

那时，我故意让人看到单薄石头的断面。有时这会受到以前“自然派”的批判，说这个细节不自然。我回答说：“我不是原理主义者，所以我想珍惜诚实。”在如何超越自然这一含糊的标准时，诚实便成了关键词。

冈田：是的。真实与谎言的对立，是通过提出诚实的观点，轻松、有点意外地超越过去。对于擅长作假的演员我是严厉批评的。最近特别严厉。我说，想努力做好，但是无成果，还是作罢为好。请不要再为了圆满地做假而下功夫了。

隈：日常就是戏剧，这种认识与追求诚实的态度绝不是矛盾的。正因为是戏剧，所以必须诚实。正因为是具有戏剧性质的建筑，所以必须是诚实的建筑。

对大地震的反应

隈：您的 Chelfitsch 剧团的《三月之 5 天间》（注 1）是描写对伊拉克战争的反应吧。对这次地震您是如何考虑的？是有另外的小说和戏剧将要问世吧。

冈田：这次地震，我没有失去任何财产，几乎什么都没有被夺走。总之，与《三月之 5 天间》完全相同的事情，这次也发生在我身上了。为了表达此事我使用了《三月之 5 天间》，所以，完全没有打算重新改写。

现在我感到“虚构是必要的”。强烈地想要创作虚构的作品。

隈：那是能与震灾抗衡的虚构的意思吗？

冈田：我觉得虚构即使无法与现实抗衡也没有关系。我认为重要的是经历过震

《三月之 5 天间》（Toru Yokota 摄影）

灾的这种现实，某种虚构被罗列的这些事情对于生活在现实中的我们来说是否有意义？而且，我现在坚信那是有某种意义的。

隈：和伊拉克战争的时候不一样吗？

冈田：是的。我完全不在乎自己是否相信虚构这件事本身。《三月之 5 天间》在定义上也的确是虚构的。不过，这对自己来说，并非是非虚构的，所以只能说是虚构的含义。有关虚构的认识程度与现在是不一样的。

我想能达到现在这样的心情的理由也未必只因地震。我来到这里之前，很多经验让我坚信对于有表现力的人可以让他发挥最大能力。同时，这是将要在海外公演时我意识到的事情，我的作品不知在什么样的环境中如何被评价，作为创作者的我是无法操纵的。上演的国家也好，城市也好，都拥有各自固有的环境，我无法去把握，就连东京100年后，甚至最近的5年后也是如此。我无法设想未来能写些什么。

因此，无论与具有现实的任何环境相比较，我想要创作与那种现实产生某种关系的作品。换句话说，这是很普通的事，我想创作将来能成为古典的作品。

隈：要超越时代，无论身处何种环境下也能够与现实缔结某种关系，是这个意思的古典吧。

冈田：古典的定义是非常古典的吧（笑）。从这个意义上来说，最近我很愉快地读了《樱桃园》。书中描写了对土地深深眷恋的人们，换句话说，有着各种回忆、无法舍弃在那片土地上具有自己生活方式的人与期待着奔赴新地方的人，还有白手起家把那片土地变成自己的有很大成就感的人。我认为这是一个与今天的现实产生很大共鸣的故事。

契诃夫自己在书中对贵族社会的终结做了处理。所谓古典就是如此吧。我在不知不觉中茫然地想，即使我不写新作品，但下次把《樱桃园》搬上舞台也好啊。

接受做出决定后的结果

隈：对冈田先生来说的伊拉克战争与对我来说的阪神大地震也许处于一种平行关系。那是因为阪神大地震的时候，我觉得在那里绘制任何图纸都像是谎言一般令人讨厌。这次心情则完全变了。由于海啸而失去家园的人们是再次住在海边还是移居到高岗上，意见出现分歧。安藤忠雄先生说在低洼地全部种植上保护的树木，在高岗上建设新的街区。不过，安藤忠雄本人却不想绘制街区的图纸。

我想详细绘制即使发生海啸人们也能居住的公共住宅的图纸。结构计算也要搞准确。我觉得这个规划在某种意义上来说是虚构的，也许会被说不需要这种东西，会有各种反应。我想避开这些议论，与当地的人们构建一个虚构，展示一下它能够实现的可能性。可是没有任何人来找我做。最初不管你如何想象虚构，只要能克服各种障碍，就能够实现。不喜欢虚构的人，是只会再现现实的保守者。

现在有些想建造“瓦砾博物馆”的当地人，由于分配到了具体的用地，所以绘制图纸了。实际上，一旦使用瓦砾，在堆积如山的处理场地上只是移动几处，也是很难的事情。

冈田：您知道阪神大地震与现在为什么会有如此不同吗？我觉得您想建造能抗击海啸的房子真了不起。那可不是完全不了解现在情况的人的主意吧（笑）。我想您承接新歌舞伎剧场的改建设计也是如此。依照现在的气氛来看，限先生好像正在承接一项不可能完成的工作或处于一种劣势状态。

隈：长期以来，整个社会不是陷入一种不能做出决定的状态中吗？政治家的工作理应描绘出梦一般的虚构景象，让大家朝那里飞奔。但是，他们是最不能做出决定的。从阪神大地震那时开始，社会走向就一直在回避做出决定带来的风险，看到如此情况我的感受日益强烈，建筑师的工作就是做出决定。我承接歌舞伎剧场的改建设计工作也正是如此。

面对虚构的理由

冈田：我认为现在最不能做的就是观察日本的社会动向，所以我认为隈先生是我的榜样。

隈：有那种感觉也许是因为一个月有一半以上的时间在海外，不接触报纸和电视的缘故吧。从物理学上来讲，我觉得自己离开有那种氛围的地方，观察不到日本的社会动向也是挺好的。

所谓的综合电视节目，不就是好像和每天早上进行如何观察日本社会动向训练似的吗？非常辛苦，所以不想待在日本。

“瓦砾博物馆”（隈研吾建筑城市设计事务所 提供）

冈田：要说关于观察不到日本的社会动向，有人从年轻时就对世界的动向颇有兴趣，积极地到世界各处去吧。不过，我完全不是那种类型的人，认为自己做不到那一点，所以就一直待在日本吧。在海外公演时，由于不在日本，就非常担心了解不到日本国内的动向。

不过，随着在海外的时间变多，我开始慢慢地觉得观察不到日本的社会动向也挺好。换句话说，我以前一直担心的事情现在正在发生（笑）。

隈：我在日本这种环境里怎么也能感觉得到那种氛围。人受周围氛围的影响很大。放弃观察日本的社会动向，不断将大家都想避而远之的决策行为进行下去，最终在自己的人生中能留下些什么？从阪神大地震到这次地震发生前的15年里，我的心情发生了很大变化。

与虚构同样，在城市和建筑里的乌托邦，在丹下健三以后的脱离经济高速发展的建筑潮流里也被视作是最为羞耻的。不过，我现在开始考虑必须要绘制乌托邦的蓝图，描绘这蓝图不就是我们的职业所为吗？

冈田：想要判断单体作品是否现实、是否自然的话，就会觉得虚构是非常羞耻的。不过，我明确感到没有必要那么想。我认为虚构本身不是如何如何，而是要考虑在与现实接触时会发生什么，然后再去创作虚构。我今后就想这样做。

注1　《三月之5天间》讲述的是在美军对伊拉克开始轰炸时的2003年3月，偶然相遇的一对男女在涩谷的情人旅馆里连续度过5个昼夜的故事。冈田利规先生因本作品获得了岸田国士戏曲奖。

第八章 | 运行在后工业化社会的铁路模式

原武史

重新发现铁路空间

原：今天早上在东急电车内我读着隈先生的新作（《新・村论》集英社新书）过来的。

东日本大地震发生以来，为了重建灾区，我认为不仅新干线，与日常生活有密切关系的原有铁路线的修复也很有必要。这一点与隈先生在这里谈到的“村”（译者注：日本最小的行政单位，相当于我国的乡镇）的观点给我的印象是意外地吻合。

应该急于修复地方铁路线的根本理由有一条是，不能失去维系当地人与“外部”的公共空间。我认为铁路的车厢就是一个各种人共同乘坐的开放的空间。与定员人数少而且途中线路不清，有时因道路堵车、施工和冬季路面结冰而不能保证准点运行的公共汽车不同，时刻表上登载着所有的车站，看一下地图就会知道电车在什么地方行驶，从全国或从外国来的乘客谁都能乘坐。铁路按准确的时刻表运行，即便是不进行交流，车内也有特意赶来乘车的乘客，可以切实感受到这里总是与其他地区保持着联系，这给予灾区的人们莫大的勇气。3月以后，我多次乘坐三陆铁路的电车，看到当地的老年人乘车，说不出的高兴。

我觉得如此重新评价作为确保公共空间媒介的铁路，不也是与“村”的发现有关系吗？

隈：我在《新·村论》里使用“村”这一词汇，是因为我有一种印象，今后大家都希望有一个固有的地方能够和人缓慢结成一体的场所。20世纪是一个现代化、城市化的时代，另一方面也是一个作为地方共同体的“村”的解体时代。21世纪初，震撼世界的雷曼金融危机引发的美国住宅泡沫的崩溃是一个象征性的事件，让人们认识到住宅作为商品在市场上波动的现代空间的界限。这次震灾也揭示了从土地的历史和地域社会分离出来的住宅的脆弱性。

写新书时走访的村，不论是高圆寺还是下北泽，不知为何全都是与铁路有很深渊源的地方。现在我觉得明白了其中的缘由。中央线沿线的中野和阿佐谷一带街区的印象也许与中央线电车车厢宽松的“箱体”有很强的联动性吧。

原：刚才您说的中野、阿佐谷同时也是中央线快车和中央·总武线慢车两条铁路并行的“两组复线区间”的车站吧。

从连接东京到高尾的中央线快车整体运行情况来看，因撞人交通事故停运的情况也不少，而且拥挤流动性差，要说感觉如何总觉得心神不定。在中野至三鹰之间行驶在同一线路上的中央·总武线慢车和东京地铁东西线很空，给人一种悠闲的感觉，所以很多时候在阿佐谷·高円寺等两组复线区间车站乘车的乘客会乘坐中央·总武线慢车和东京地铁东西线。在休息日，中央线快车不在中野至三鹰之间车站停车的情况特别多。我认为隈先生所感觉到的高圆寺街区的缓慢松散不是只有这两组复线区间才有的氛围吗?

历史孕育的铁路沿线文化

隈: 两组复线始于什么时候?

原: 御茶水至中野之间的两组复线化是在昭和初期完成的。中野至荻洼之间是1966年，1969年延伸到三鹰。

隈: 这么说，被称作像中央线文化那样的缓慢的亚文化得以发展是1970年以后的事情吗?

原: 当时，在首都圈，问题突出的中央线的拥挤率由于两组复线开通得到大幅缓解，我认为通过此事街区在某种程度上也平静下来。

隈: 从两组复线这个词汇上来看挺有魅力的啊（笑）。

所谓城市规划是基于轴线思考的。从19世纪乔治·奥斯曼的巴黎改造规划时开始，就已经有了将目的地与目的地之间尽量用一条笔直的粗线连接起来的想法。20世纪时，这与技术主义一起在世界各地根据轴线制定的城市规划得以再生。

将如此形成的现代城市的氛围大大改变的也许是取决于其轴线两侧如同两

行驶于JR中央线立川－日野间的多摩川桥梁的"天皇御用专列"（1999年，共同通信社 提供）

组复线般的小胡同的存在吧。因为有多种选择，所以就会产生出改变不同氛围、有余韵的东西来。

除了中央线以外，还有像两组复线那种氛围的地方吗？

原：两组复线区间仅在首都圈的JR里就有不少，它的大部分车型是每站停车的慢车和只在主要车站停车的快车。就像中央线的中野至三鹰之间那样，只要有两组复线的地方必有车站，这是非常少见的。因此，车站里不那么拥挤。能制造与中央线同样气氛的地方怎么也想不出来啊。

隈先生在《新・村论》书中指出中央线沿线与陆军很有缘分。的确，像陆军中野学校和陆军大学校、陆军立川机场那样的陆军主要设施都集中在中央线沿线，二・二六事件时，陆军教育总监渡边锭太郎就在荻洼的自宅里被青年军官杀害。

但是，不仅如此。政治家也住在那里。在荻洼，近卫文麿修建了荻外荘别墅，原朝鲜总督宇垣一成在堤康次郎（注 1）开发的国立市建造了别墅。

1927 年，在高尾建成了大正天皇的多摩陵墓，当天皇的御用列车通过时，沿线的小学生们必定被动员起来夹道欢呼。总之，到了昭和时代，在中央线沿线天皇的色彩变得浓厚起来，但另一方面，在阿佐谷井伏鳟二建造了文士村，像小林多喜二和户坂润那样的“思想危险”的人物住在那里。在中野，因二·二六事件被判处死刑的北一辉的家就在那里，也具有藏身之处的因素。在杉并区战后选举第一任区长时，无政府主义者的新居格当选了。给我的印象是，这里从左到右的确包容了一切。

隈：中央线与西武线并行行驶离得并非很远，但是沿线的文化却有很大的差别啊。

原：我经常半开玩笑地说：“中央线是英国型的，西武线是苏联型的。”中央线在关东大地震后逐渐得到开发。西武线在战后某个时代之前完全是农村地区。1950 年之前，中央线沿线的立川、武藏野、三鹰和小金井都相继变为市，而西武线沿线的北多摩郡却一直还是郡。到 1950 年前半年一直运行的有名的“粪尿电车”，就是使用行驶在广大农村地区的西武线来处理污秽物的。但是，像在上次对话（“住宅区之后的公共住宅”）里谈到的那样，从某个时期开始就一举进行开发了。但并不是西武自己进行开发，而是住宅公团连续不断地建设了大规模的住宅区。

隈：的确如此。地理位置看上去很近，但是，从甲州大道沿中山道行驶的中央线和西武线所流逝的时间质量是完全不同的吧。

原：西武集团的创始人堤康次郎与阪急电车的小林一三和东急的五岛庆太不同，最初他并不想敷设铁路。他更在乎土地。他获得武藏野铁路（现在的西武池袋线）的股份后，以非常出色的手法一点点夺取了更多的股份。他在开发轻井泽和箱根避暑地的同时，还想把大学诱导到郊外推进“学园城市”建设，但结果成功的只是国立市。于是他便果断放弃了这个规划。

隈：我觉得堤康次郎先生的心态与田中角荣的盟友、从东急那里接受公共汽车经营权转让的小佐野贤治（注 2）很相似。小佐野贤治是靠经营公共汽车获得成功的实业家吧。

按道理说，如果不是敢于承担某种责任，不想在工作岗位上坚持下去的人，是不能搞铁路建设的。西武虽是铁路公司，但看上去对场所位置不是那么在意。看看其后的王子饭店、西武百货店和季节集团的战略，几乎感觉不到他们在意场所位置。觉得他们一开始就极不情愿地把西武百货店建在池袋。如果不喜欢自己的住所，便不会产生对场所位置的贪恋吧。

譬如，西武铁路集团的王子饭店就是巧妙使用了著名建筑师丹下健三和村野藤吾（注 3）的品牌。这可以说是在 1980 年以后，把建筑师作为品牌列入商业资本过程中的先驱者，而且在经济方面也取得了成功。季节集团在品牌战略上也技高一筹，在艺术上巧妙使用品牌艺术家与商业联盟。因此我认为，西武领导的 20 世纪 80 年代的“品牌时代”理所当然是潮流。

原：是的。譬如说，与具有理想且一贯重视沿线开发的阪急和东急相比较就很明显。

何时全面恢复受灾线路

隈：国有铁路也像传统艺术一样，曾经根本不想经营超出铁路事业以外的范围。但是，现在却把精力倾注于露米娜购物中心、阿特雷车站大厦这样的商业设施和“车站内商业”事业，以致不被称作日本铁路（Japan Railway），而被称为“日本零售”（Japan Retail）了。他们通过具有信用卡功能的IC车票，就能获得某人从哪个车站上车、要购买什么东西的信息，因此便可以管理乘客的全部生活信息。这对其他零售业是个威胁。在21世纪，铁路原本上的意义改变了，以与20世纪的工业化社会不同的形式，提高了在社会上的存在价值，这很有意思。原先生你感觉到JR的这种变化了吗？

原：民营化后它的经营方向非常明显，赚钱的地方就大力投资。另一方面，不赚钱的地方就迅速下马。可以说这种情况在这次东日本大地震中体现得非常明显。

2011年4月，JR东日本公司表示说，“将负责任地修复”太平洋沿岸的全部7条线路。但是，2011年11月19日的《读卖新闻晚报》和2011年12月7日的《朝日新闻晚报》却报道说，JR东日本公司正在研究重建方案，准备把包括气仙沼线在内的岩手、宫城县内的三条JR线路改成公路，运行被称作为BRT的公共汽车。看到报道后我受到很大的打击。“全线修复”的发言到底算话吗？铁路公司正在做出一个否定自己使命的决定。听说全线修复需要花费1000多亿日元，但用于公共汽车的建设费比起全线修复铁路的费用来说，花费很少，便可搞定。

另一方面，JR东海公司为了急于落实原定由自治体负担的磁悬浮新干线中间车站的建设费用，决定自己出资。听说中间站的建设费如果要建像相模原新站那样的地下车站需要2200亿日元，全部费用要在5800亿日元以上。

隈：JR东海公司作为拉动东京至名古屋高速发展期的地方铁路，现在仍然继续奔驰在现代化时代吧。

原：我认为国有铁路分割民营化一波三折，但JR东海公司获得了赚钱的线路东海道新干线。仅东海道新干线一年的收益就超过一兆日元。因此，建设磁悬浮车站并非是很大的负担。而且这笔费用JR东海公司好像已经纳入预算中去了。

隈：东海道新干线车站建筑的负担是什么样的情况呢？

原：基本上由国铁来负担的，但是，后来地方上申请设置的新富士、挂川和三河安城车站适当负担了一部分。

隈：东北当地人对东北铁路有很深的眷恋，我也觉得乘坐在行驶着的海边列车里看到的风景只有在日本的铁路上才能欣赏到。那条紧贴着海岸行驶的线路是如何设计出来的呢？

上：“伊三郎·新平”车辆
中：“隼人之风”
下：南国的度假特快“山珍海味”车内（均由 JR 九州铁路公司 提供）

原：东北地区山脉临近大海的地方较多，如果让铁路线稍稍往内陆移动一点儿，就必须要进行隧道施工。开凿隧道花费很大，因此，就选择了在海边少有的平地上铺设铁路。1970 年以后建造的比较新的线路就设想到海啸灾害，即使线路在海边，好像也建造了许多隧道。一想到 1972 年的北陆隧道火灾事故和 2011 年的 JR 石胜线特快列车“超级苍穹”号脱轨、火灾事故，就不能说隧道是绝对安全的。

隈：我认为新干线在某种意义上说是属于一种“隧道文化”。每当我通过长长的隧道时，就会想起田中角荣的事情来（笑）。隧道建设是一个伴随着风险不可预见的工程，不知会涌出多少水、会挖出多少立方岩石。由于有风险，隧道的单位建设成本也比普通工程设定的高，对风险的赔偿体系也比较完善，所以粗鲁地说建设公司必定会赚得盆满钵满。从此种意义上说，新干线作为给总承包商散财的设备发挥了作用。在东北沿海一带行驶的电车与田中角荣式的隧道文化没有关系，所以乘车后有种清新舒畅的感觉。

原：但是，把车窗外风景作为招牌的是 JR 东日本公司的（连接青森和秋田的）五能线观光列车“度假白神”号。西日本这边正在进行尝试，JR 西日本公司的吴线、山阴本线和木次线上运行着观光列车，JR 九州公司可以说走在最前头。以前长年亏损的肥萨线将古老的隧道、Z 字形爬升线路和环线作为观光遗产有效利用起来，他们开动脑筋为了解说观光名胜停车 20 分钟，放慢列车运行速度让乘客欣赏景色，连日热闹非凡。水户冈锐治（注 4）按照肥萨线的特点设计的车辆正行驶在肥萨线上。车辆的名字也起为“伊三郎”“新平”，还有特快列车“隼人之风”。

隈：以前的铁路车辆根本没有从产品设计中摆脱出来。就是说，作为20世纪的工业产品，会经常局限于如何将产品效率化和美化产品的想法里。产品的美化也停留在工业社会式的“好的设计”上。水户冈锐治先生或许因为是插图画家出身，他不是以生产者和经营者的观点考虑问题，而是从消费者的需要来考虑产品如何被大家接受。在我看来，这充满了“做成这样可以吗？”的感情，譬如列车车厢卫生间前面悬挂着日式布帘什么的，乘坐这样的列车总是很快乐。

原：很快乐吧。

隈：把水户冈锐治先生聘为设计顾问的JR九州公司也很了不起。他们给人的感觉是一家假装土气、在某种意义上却在注视着后工业化世界的铁路公司。

原：是的。JR九州公司不是能让新干线和原有铁路线和谐共存吗？在列车内度过的时间非常重要，我认为他们具有这样的认识。JR东海公司和JR东日本公司还受着旧观念的拘束，他们认为在车内的时间很无聊，所以越短越好。因此，他们总摆脱不掉早一分钟到达目的地就是最好的服务的思维。

隈：JR九州公司的事例表明了那种要求“哪怕是快一秒钟”的时代正在改变。其他铁路公司在这个意义上已经脱离了乘客的真正需求。

整个日本将要变成高级公寓和公交车城

隈：海外的铁路公司里有无重新发现铁路本来就是缓慢的箱型空间的例子？

原：我觉得外国不是追求速度，而是着眼于铁路的多种可能性。譬如，在法国的地方上盛行建设有轨电车。在日本只是富山重新建设了轻轨电车（新时代有轨电车·LRT），但富山之后没有再继续建设的动向了。

隈：富山的轻轨电车将市中心线环状化了，其价值突然升高了吧。乘坐上之后街区的景色看上去都不一样了。我也曾有一次在富山给车辆外观做过设计，我那大胆的建议居然一下子通过了，真让人吃惊。

原：前几天我请作家宫部美雪女士来参加我担任所长的明治学院大学国际学院附属研究所的公开研讨会。或许因为她出生在东京深川，对东京的东部有很深的感情，听说她的眷恋和对东京都有轨电车的回忆结为一体了。1960 年出生的宫部美雪女士在小学毕业时，东京都有轨电车。除了荒川线以外，其他全部停运了。在那之前，去日本桥的高岛屋购物时必定乘坐东京都有轨电车。她说年纪再大点就想住在通有轨电车的地方。

另外，据同样来参加公开研讨会的歌手八代亚纪女士说，正崭露头角的她去全国各地演出时，出行总是乘坐夜行列车。当时的记忆现在也深刻地铭记在心里。听八代女士说，她也感到为什么日本只能乘坐新干线出行呢？她还说新干线虽然不错，但希望把原有铁路的夜车也纳入运行的时刻表中。也就是说，希望多给予一些选择的余地。不是有许多人即使嘴上不说，但在潜在的意识里对现在铁路的运营方式抱有不满吧。

隈：从未乘坐过夜行列车的孩子们也对夜行列车充满了憧憬吧。人真是不可思议，现在的孩子们的怀旧之情不是来自经验，而是他们充分意识到怀旧的乐趣，即意识到怀旧在本质上是对工业化社会的批判。我希望铁路公司要认识到铁路不是单纯的流通工具，铁路是保全国土的体系，是维护社区不可欠缺的媒体，在新干线上获得的利益要投资到原有铁路上去。

原：实际上 JR 公司也说新干线挺慢的，所以今后要在通过品川至名古屋之间 40 分钟的隧道区间建设飞速行驶的磁悬浮列车。这真的能满足我们的需求吗？

隈：如果用速度来决定胜负，日本今后既争不过中国，也争不过韩国。应该用舒适度来决一胜负。如果不舍弃高速发展时期的幻想，现在继续加速的话，那必定会出现比以前更多的各种弊病。我们这样的建筑或城市规划师，不仅要对城市，还必须要对包括铁路和交通机关在内的规划畅所欲言。建筑专家负责建筑物，土木专家负责铁路，若是以这种形式分工进行工作的话，将无法应对具有轻松价值的当今时代。

原：我认为的确如此。LR 东日本公司的确明确说了要修复铁路，但又非常轻易地改变初衷，研究起修建 BRT 来。这确实不可思议，但我们要义正言词地对此提出批判，同时也对不能正大光明地登载不同意见的媒体的做法抱有疑问。

把铁路转换成公共汽车后发生了什么变化？我想北海道有这样的例子。北海道在 30 年间一共废除了 1500 千米以上的铁路。结果造成人口过度集中在札幌。北海道三分之一的人口住在札幌，这是一个非常不正常的人口结构。

隈：可不是嘛。北海道的铁路停运是从国有铁路时代开始的吧？

原：从国有铁路的末期开始，民营化的 JR 继承了国有铁路的事业后也继续进行停运。现在只留下了干线铁路。譬如，鄂霍茨克海沿岸的纹别市就成了没有铁路的城市，出行靠飞机或汽车。从 2011 年 10 月至 2012 年 1 月期间，往返东京和纹别的航班被迫停飞。只有在人口集中的札幌近郊铁路交通比较发达，这与九州完全不同。

隈：公共汽车和汽车形成的城市景观到处都一样。或许让人感到像美国城市那般的寂寞，显得呆板、冷落，让人失望。

原：在战前，北海道各地都设有军事设施。譬如，在旭川驻有师团和连队，由军队确保了一定数量的人口。在旭川市内，有旭川电气轨道公司的私营铁路和旭川市区轨道公司的有轨电车在运行。我想那时的交通大概比现在还方便。这可以说是军队带来的便利吧。我认为，以前军队在全国各地均等配置的师团和连队，与学校一样有可以防止人口过度集中、繁华的一面。的确，现在北海道自卫队驻扎在以前军队驻扎过的地方，但军队和自卫队是两个完全不同的概念，从被认为中央集权最强硬的明治时期到昭和战前时期不是具有很大的能力使地方不衰退吗?

隈：这可真有意思啊。本来城市与军队从罗马时代开始就是一体的。人们在某种程度上集中居住需要纪律，说起来建设城市也需要某种军队的纪律。就连拿破仑在规划城市时也必定与军事战略成为一体。但是，当军队消失，一切都托付给资本理论时，城市将会变得如何？如果仅用资本理论来建造人们统一居住的地方，我感到结果就会成为公共汽车和高级公寓的城市了。正是高级公寓的存在使得日本战后的城市糟糕透顶。从扶手栏杆到窗框全都是最廉价的住宅配件的大拼凑，最后在墙外壁贴上薄薄的瓷砖，又在狭小的门厅里贴上单薄的大理石，仅用这些材料瞬间就给人们一种豪华的感觉。将人们塞进楼层高度为3米左右低矮的空间里，只有高密度下的隔音技术是世界上最先进的。但是，把造价低廉单薄的箱子般的高级公寓高价出售的寒酸相给城市带来的不良影响是惊人的。

不仅北海道，现在东京的城市风景基本上也都成了高级公寓风景了。这接近于对公共汽车的印象。在灾区，说是能够抗击海啸的是混凝土的高级公寓，如像现在一样继续议论重建的话，与东京相同的高级公寓就会覆盖东北的海岸线。东北如果将铁路改为公路，公共汽车在高地上的高级公寓周围行驶的景色，无论如何想象都是可怕的。

原：不过，在现在这种对铁路的“公共汽车化”不加批判报道的情况下，对铁路情有独钟的人看上去也许是顽固的原理主义者。

铁路维系的安全感

原：运行在岩手县沿海一带的第三部门的三陆铁路公司，在震灾 5 天后就恢复了北沉降海岸线的久慈至陆中野田之间的线路。三陆铁路公司总经理在承诺全线恢复这方面与 JR 东日本公司是相同的，但以后就不一样了。2012 年 4 月开通停运的北沉降海岸线的陆中野田至田野畑之间的线路，他们正朝着 2014 全线恢复的目标稳步而顺利地进行着准备。他们不是等待第三次补充预算方案通过后再考虑，而是对此做了预想在 2011 年 9 月就开始行动了。

不过，可悲的是，三陆铁路公司的始发站和终点站都被 JR 东日本公司占去。就是说，无论三陆铁路公司自己如何努力，与其连接的 JR 只要不恢复线路，就无法指望乘客大幅增加。必须真正考虑整个地域的交通情况。三陆铁路公司与 JR 东日本公司相互维系在一起，他们之间的连接只有得到保障，三陆沿岸的交通网才能恢复。

震灾之后不久的三陆铁道 · 南沉降海岸线（三陆铁道 提供）

隈：用短期的资本理论来说，是要选择公共汽车吧。对国家的发展缺乏长期远见，所以就会选择快捷、收益性高的项目吧。但是，就连田中角荣也一直说要有相应的长期眼光。

在关东大地震之后的重建中，铁路是如何定位的呢？

原：当时铁路是运输的主力，所以铁路线路的恢复速度快得与现在无法相比。关东大地震时不到两个月就几乎恢复了。

隈：难以置信的速度啊。

原：地震当天下午，总武本线的龟户至稻毛之间的线路就恢复通车，昼夜运行，并把在发生大火的本所被服厂旧址上失去房子的灾民运到千叶县去了。

隈：铁路的恢复给予人们精神上的影响应该是相当大的。我访问灾区，在失去铁路的地方走了走，觉得那里没有铁路线路，这给我带来了很大的丧失感。

原：是的。在1945年4月13日东京大空袭的第二天，吉村昭看到空无一人的日暮里车站站台里有山手线列车驶入，便写道“看到了不可思议的东西”。在不寻常的光景中，山手线列车像平时一样驶进站台然后发车开走。仅仅如此，便让人在精神上平静下来。8月15日正午，宫胁俊三在米坂线的今泉车站前听昭和天皇的无条件投降广播。尽管如此，女检票员还是告知说列车要进站了。宫胁俊三这样写道：“我无法相信在这种时候火车还在运行。”

铁路史学家原田胜正讲述说，看到 1945 年 8 月 16 日的北陆本线敦贺车站的“列车运行表”，发现没有一趟旅客列车停运，货车除了临时和不定期的之外，约有 70% 的列车在运行。真是令人吃惊。

隈：这个国家的距离感和紧凑性也许非常适合建造铁路网。我觉得日本人与铁路在很久以前就有缘分了。

原：铁路本身始于明治五年（1872），历史并不是很长。不过，在江户时代有参勤交代制度，领主定期往返于领地和江户之间。驿站村镇的人们为迎接领主，将狗拴住，往街道上撒盐，必须做好诸多安排和准备。我认为这种意识也给铁路体系的形成带来影响。

隈：在欧洲社会，上流社会的贵族与宗教人士，即使是以某种礼仪的方式生活着，但农民阶层还是保持着远离他们的生活方式，他们中间有隔断。我在巴黎

车辆搬入作业（三陆铁道 提供）

有个工作室，但欧洲的设计事务所在所内也要把建筑师与绘图员分开，没有日本那样的一体感。日本人的礼仪性是纵向贯通，可以浸透到所有的人。

原：在江户时代，朝鲜使节（特使）共计 12 次来到江户。看到特使的日记后得知，从现在的首尔沿朝鲜半岛南下到釜山的沿途中，或有人问“是去哪里？”，或道路被遮拦，无法顺利通行。但是，经过对马、壱岐，从现在的下关进入濑户内海时没有占道者，而且围观者也安静地排列整齐。那时遵守纪律的意识已经深入民心，使特使们觉得不可思议。

隈：那个纵向贯通的礼仪性如果从日本文化中丢失，我最担心的是会发生什么事情。

原：我认为这与 3 月 11 日的大地震、电车全部停运、在首都圈内 500 万以上的人成为“回家难民”时的恐慌密切相关。

隈：日本社会礼仪严格而且死板，另一方面，从江户时代起，日本就有一种大幅脱离礼仪性的大众文化吧。让我们返回到中央线文化上，在中央线这一条轴线的两侧，也可以说，在纪律旁边共同存在着各种因素的亚文化的混沌大杂烩。我认为如果没有一个让纪律与脱离平衡共存的体系，日本今后的魅力将难以维持下去。因此，铁路还是很重要的（笑）。

注 1　堤康次郎（1889—1964）实业家、政治家。出生于滋贺县。于 1920 年成立箱根土地（之后的国土规划—国土）、在轻井泽、箱根和东京近郊进行大规模开发。曾任西武铁路公司的社长。1924 年初次当选众议院议员。1953 年担任众议院议长。
注 2　小佐野贤治（1917—1986）实业家。出生于山梨县。1947 年成立国际兴业。
注 3　村野藤吾（1891—1984）建筑师。出生于佐贺县。主要作品有世界平和纪念圣堂、都市酒店（现在的威斯汀都市酒店京都）别馆、日本生命日比谷大厦（日生剧场）等。
注 4　水户冈锐治（1947—）设计师、插图画家。出生于冈山县。于 1972 年成立黎明设计研究所。

后　记 | 隈研吾

通过与各种人谈话，结果发现这是“转变之后”的对话。没有人否定时代正在面临一个巨大的转折点吧。我从开始懂事的时候起，就觉得知识分子和新闻记者都在一直说着转折点。他们并不是喊“狼来了”的少年。从1970年前后开始，时代正在体验这巨大的转折点。

1970年，我还是一名高中一年级的学生，我参观了大阪万国博览会。看到瑞士馆很激动。因为瑞士馆没有建成展览馆的形状，只是在地面上用细细的铝制管子倏地竖起一个像树一样的造型。“是的。现在不是建造建筑物（展览馆）逞威风的时代了。有地面和树就足够了。”我点头称赞。现在是“环境”这一词汇开始让媒体活跃的时代。与这棵瑞士的大树相比，苏联馆巍峨耸立让人甚感不合时宜。美国馆水平伸展薄膜结构的半圆形屋顶过于庞大，令人恐惧，它的内部与外部是密闭的，我也很不喜欢这种感觉。

我曾对日本的建筑师们所倡导的新陈代谢的逻辑饶有兴趣，但是看到大阪万国博览会上的他们的建筑也是用铁建成的冷冰冰的、阴森可怕的怪物般的样子时，沮丧至极。“唉，新陈代谢就是这样的东西啊。”傍晚信步进入法国馆，对馆内的咖啡托盘的设计很是中意。

综上所述，从工业化社会转向去工业化社会，从物质时代转向信息时代这一巨大的转变，从1970年前后开始一直持续到现在。

在其长期的转变过程中，人们以各种方式在不断地说着“现在是转变的时代”，但是，我觉得那种说法到了现在有些微妙的变化。以一言蔽之，“转变之后”的细微差别正在变大。

“转变之前”的言论基本上采用“破坏”的方式。因为时代在变化，所以，采用将现有的东西“破坏”掉的方式。但是，人们不久就发觉仅仅依靠“破坏”将一事无成。政权更迭，3月11日东日本大地震就是让我们发觉的一个好机会。

许多人有这样的印象，即使是推翻前政权进行改朝换代，也不会变得更好，只会暴露问题的严重性，事态更加恶化。现在，不是要破坏，而是要重新维系，以一种与以前不同的全新的方式重新维系，人们开始意识到这是最重要的。

3月11日东日本大地震真正是把这片国土、把城市基础设施、把能源体系都完全“破坏”掉了。如何重新维系是好？我们正在开始认真寻求解决办法。本书收录的与7位大师对话的基调，不是勇猛“破坏”的号子，而是静而低沉的“维系起来”这一建设性的低声细语。

在这“维系的时代”里，什么形式的城市建筑必须存在呢？我想边仔细琢磨着这些对话，边慢慢地绘图。把线与线连接起来接着划下去。

隈研吾

2012 年 2 月

图书在版编目（CIP）数据

维系的建筑 /（日）隈研吾编著；胡以男，杨岩译.
-- 济南：山东人民出版社，2017.5
ISBN 978-7-209-10154-7

Ⅰ.①维… Ⅱ.①隈… ②胡… ③杨… Ⅲ.①建筑艺术-介绍-日本 Ⅳ.①TU-863.13

中国版本图书馆CIP数据核字(2016)第278766号

TAIDANSHU TSUNAGU KENCHIKU
by Kengo Kuma

First published 2012 by Iwanami Shoten, Publishers, Tokyo.
This simplified Chinese edition published 2017
by Shandong People's Publishing House, Jinan
by arrangement with the proprietor c/o Iwanami Shoten, Publishers, Tokyo

山东省版权局著作权合同登记号 图字：15-2013-192

维系的建筑

（日）隈研吾 编著 胡以男 杨岩 译

主管部门 山东出版传媒股份有限公司
出版发行 山东人民出版社
社 址 济南市胜利大街39号
邮 编 250001
电 话 总编室（0531）82098914
市场部（0531）82098027
网 址 http://www.sd-book.com.cn
印 装 北京图文天地制版印刷有限公司
经 销 新华书店

规 格 16开（155mm×228mm）
印 张 10.75
字 数 190千字
版 次 2017年5月第1版
印 次 2017年5月第1次
ISBN 978-7-209-10154-7
定 价 48.00元
如有印装质量问题，请与出版社总编室联系调换。